大塚敦子
Atsuko Otsuka

動物がくれる力

教育、福祉、そして人生

岩波新書
1970

はじめに

私が人を支える動物の力に目を開かれたのは、一九九〇年代前半。当時住んでいたアメリカで、エイズとともに生きる人々と動物たちの深いかかわりを間近に見たことがきっかけです。そのころはまだ治療薬がなく、エイズは死に至る病として恐れられていました。エイズという病気に対する誤解と偏見は根強く、家族にさえ見放された人たちもいました。

でも、多くの人たちがそれまでの人間関係を失い、孤独に苦しむなかで、動物たちだけは変わらずそばに寄り添っていたのです。動物たちはその人がどのような病気であるかは関係なく、自分を可愛がってくれる人には無条件の愛情と信頼で応えます。動物たちのその揺るぎなさが、死に向き合いながら生きる人々にとってどれほど大きな支えになるか、このとき目のあたりにしました。

当時出会った人たちの中で、もっとも忘れがたいのはジェニーという女性です。初めて会ったとき二六歳だった彼女は、夫と、保護犬、保護猫、オカメインコとともに暮らしていました。

ジェニーとはとても親しくなり、私が日本に帰国してからも、アメリカに行くたびに彼女の家に滞在させてもらい、取材を続けていました。

そのジェニーが、ある日ついにエイズを発症。それからは何度も肺炎を繰り返し、長い下り坂を降りるように、徐々に弱っていきました。一つひとつ身体の機能が失われていく中で、自分が確実に死に近づいていることを、誰よりわかっていたのはジェニー本人だったでしょう。彼女はまだ二〇代の若さで死にゆくことへの怒りや悲嘆を周囲にぶつけるようになり、私はといえば、同じ部屋にいるのさえいたたまれなくなりました。

でも、ジェニーがどんなに荒れているときでも、彼女の犬と猫はまったく動じませんでした。病状が悪化してからは、二匹はいつも彼女のベッドの上に陣取り、体の両側からジェニーを挟むようにして寄り添ったのです。その姿には、ほんとうに心を揺さぶられました。

ただ黙ってそばに居続けること。それが病人にとってどれほど大事なことか頭ではわかっていても、人間にはなかなかできません。かけるべき言葉が見つからないと、そばにいることすらむずかしい。しかも、心はたえず少し先のことを考えていて（このあとしなければならない用事のこととか）、なかなか「いま、ここ」に意識を集中することができません。でも、ジェニーの犬と猫は、全身全霊で「いま、ここ」に、ジェニーのためだけに、いることができました。その姿を日常的に目にし、言葉を持たない動物にしかできない愛し方もあるのだと、つくづく感じ入ったのでした。

ジェニーの主治医だった感染症専門医は、愛する動物がいるのなら、感染症のリスクよりも、動物がそばにいることのほうが重要だと考えていました。世話をする対象がいることがその人の生きる意欲につながり、自分自身をもよりよくケアすることにつながる、と。

また、当時アメリカには、エイズ患者が最期まで自分の動物と暮らせるようサポートする団体もできていて、その団体の代表だった獣医師はつぎのように語りました。

「命あるものを育みたい、慈しみたい、というのは人間の基本的な欲求なんですよ。人がよりよく生きるためには、欠かせないものなのです」

エイズ患者と動物たちとのかかわりを間近に見た私にとって、この言葉は深い実感を伴うものでした。

このときの経験がきっかけとなり、私はその後、三〇年にわたり、人と動物のポジティブなかかわりを見るために旅することになります。受刑者たちが保護犬を介助犬に育てるアメリカの女子刑務所を皮切りに、困難を抱える子どもたちの施設、介助犬や盲導犬と暮らす人々、日本の刑務所や少年院、小児病棟や高齢者施設など、さまざまな現場に足を運んできました。

人と動物の絆の起源や歴史、その背景にある理論などは、人と動物の関係学の専門書に譲るとして、この本では、現場で実際におこなわれていることを中心にお伝えしたいと思います。人と動物のポジティブなかかわりは、私たちの社会を(ひいてはこの地球を)どう変えるのか。たくさんのすばらしい可能性があることを知っていただけたら幸いです。

目　次

第2章　困難を抱える子どもを支える

※本書中の写真でクレジットがないものは、著者撮影

序　章
動物との暮らしがもたらすもの

著者の8匹目の猫，マルオ

人と動物が暮らすこと

人間は太古の時代からさまざまな動物を家畜にしたり、愛玩《あいがん》動物として可愛がったりしてきました。人と動物の関係は多様ですが、いま日本に住む私たちにとってもっとも身近な存在は、家庭でともに暮らす犬や猫たちでしょう。これらの動物たちは、「ペット」（愛玩動物）と呼ばれたり、「コンパニオンアニマル」（伴侶動物）とも呼ばれたりしています。どちらの呼び方がよりしっくりくるかは人によって違うこと、また、「ペット」という言葉は長く使われてきて、すでに日本語として定着しているため、この本では両方を使っています。

いずれの言葉で呼ぶにしても、動物とともに暮らしたことのある人なら誰しもが、自分の愛する動物との間に温かい絆を感じたことがあるでしょう。そして、動物たちとのかかわりが幸福感をもたらし、自身のウェルビーイング（心身および社会的によい状態であること）に役立っていることも実感しているだろうと思います。

動物と暮らす人たちが体験的に感じていることを、科学的に裏づける研究もすでに多数あります。いくつかの例を挙げると、ペットの存在はストレスの指標でもある心拍数と血圧を下げること、犬を飼っている高齢者はそうでない人より散歩などで身体活動量が多く、運動機能が高いこと、犬(または猫)を飼育したことのある高齢者は運動機能の高さに加え、近隣との交流が多いため、社会的孤立が少なく、近隣への信頼感が高いこと、猫と暮らしたことのある人の心血管系疾患(心筋梗塞や脳卒中など)による死亡率はそうでない人より大幅に低いことなど、じつにさまざまな健康増進効果があることがわかっています。

また、近年は動物とふれあうことが人間にどのような生理的影響を及ぼすのか、唾液や尿の中のホルモンを分析したり、脳波を測定したりして、本人の主観だけではない客観的なエビデンスを得る研究も進んでいます。たとえば、出産や育児の際に分泌されるオキシトシンというホルモンは、その量が増えると幸福感や他者への信頼感を高めることから「幸せホルモン」「愛情ホルモン」などと呼ばれていますが、それが母子の間だけでなく、人と犬との交流においても分泌されることがわかってきました。

オキシトシンの研究を先導している麻布大学のチームは、犬が飼い主をよく見つめるペア(つまり、お互いの結びつきが強いペア)では、犬と飼い主双方の尿中のオキシトシン濃度が上昇することを突きとめました。さらに、犬にオキシトシンを経鼻投与すると、雌犬は飼い主を見る行動が増え、その飼い主のオキシトシン濃度も上昇することもわかりました(雄犬とその飼い主には変化なし)。

犬より数は少ないですが、最近では猫にかかわる研究も出始めています。たとえば、東京農業大学の研究者たちが、認知機能を司る重要な部位である前頭前野が猫とのふれあいによって活性化されることを明らかにしました。それには人の指示に従わない、猫の〝気まぐれな〟性質が関係していて、どうしたら従ってくれるだろうと思考を巡らすことが人の脳機能の活性化をもたらす一つの要因なのではないか、という興味深い研究です。

さらに、筑波大学の研究チームは、猫の出すゴロゴロ音が人に癒しをもたらすかどうか調べました。被験者にストレスのかかる課題をこなしたあとで、猫のゴロゴロ音を聴いてもらったところ、ゴロゴロ音を聴いた人たちは猫が好きか嫌いかにかかわらず、安静時よりも心拍数が低下することがわかったそうです。

ちなみに、猫が喉をゴロゴロ鳴らすのはなぜか、いまだに確たることはわかっていませんが、欧米などで近年有力視されている仮説は、コミュニケーションの手段であるということと、セルフケアのためではないかというものです。猫のゴロゴロ音の周波数は二五〜一五〇ヘルツで、これは骨密度を高め、骨や筋肉の回復を促進する周波数と一致するとのこと。猫は喜んでいるときだけでなく、ストレスを感じたり、けがをしているときにもゴロゴロ喉を鳴らしますが、それによって自らを癒そうとしていると考えられるそうです。

「動物介在介入」とは

このような動物とのふれあいがもたらすさまざまなベネフィット(恩恵)を人の福祉や健康、教育などに生かそうという試みが、日本で一般に「アニマルセラピー」と呼ばれているものです。正式には「動物介在介入」(Animal-Assisted Intervention＝ＡＡＩ)といいます(「アニマルセラピー」というのは和製英語ですが、すでに日本語として定着しているため、この本で使うときは「アニマルセラピー」とカギカッコに入れて表記することにします)。

「動物介在介入」については、人と動物の関係に関する国際組織であるＩＡＨＡＩＯ(International Association of Human-Animal Interaction Organizations)が詳しく定義しています。しかし、この分野になじみがない人にとっては少々わかりにくいので、思いきって簡略に言い換えると、「人の健康や教育や福祉などの分野で、治療や生活の質の向上などの目標達成のために動物の力を借りること」と言っていいかと思います。

この「動物介在介入」には、大きく分けるとつぎのような三つの種類があります。「動物介在療法」(Animal-Assisted Therapy＝ＡＡＴ)、「動物介在活動」(Animal-Assisted Activity＝ＡＡＡ)、

「動物介在教育」(Animal-Assisted Education＝ＡＡＥ)です。簡単に言うと、「動物介在療法」(ＡＡＴ)は治療計画にもとづき、医療や心理などの専門家の監督下で進めるもの。「動物介在活動」(ＡＡＡ)は主に楽しみや喜びをもたらすことを目的としておこなうもので、高齢者施設や病院などへの訪問活動はこれになります。三つ目の「動物介在教育」(ＡＡＥ)は、動物とのかかわりをとおして命の大切さを教えたり、動物を介在することで学習意欲を高めたりするなど、主に学校などでおこなわれる教育活動のことを言います。

「ワンヘルス」と「ワンウェルフェア」

ただし、人の福祉のために動物の力を借りる際には、当然ながら、人間だけが恩恵を受け、動物に過度なストレスをかけることのないようにしなければなりません。前に書いたＩＡＨＡＩＯは白書の中で「ＡＡＩにおける人と動物の福祉のためのガイドライン」を定め、人と動物がかかわるプログラムにおいて動物福祉に配慮することを強く求めています。「ＡＡＩは、心身共に健康で、このような活動を楽しむことができる動物によってのみ活動を行う」「種に関わらず参加している動物は、単なる道具ではなく生き物であることを、専門家は理解していなければならない」とし、ＡＡＩに参加させてもいいのはどんな動物か、また、動物と活動するハンドラーや専門家には動物のストレスサインを読み取る知識と訓練が必要であること、活動の中でやってはいけないこと、動物を過剰に働かせないために活動時間を制限すること、人畜共通感染症（動物由来の感染症）を防ぐための適切な予防策など、具体的に示しています。

このガイドラインの根底にあるのは「ワンヘルス」と「ワンウェルフェア」という概念です。

日本ではまだあまり聞きなれない言葉ですが、「ワンヘルス」とは、人と動物、生態系の健康を一体としてとらえる考え方で、獣医療の現場などではすでに三〇年ほど前から提唱されています。人が健康であるためには、動物も生態系も健康でなければならず、三者を切り離して考えることはできない——。新型コロナウイルスによるパンデミックで、私たちはまさにそのことを痛感させられました。新型コロナウイルスがどのように発生したかは特定されていないものの、おそらくは動物たちの生息環境に人が入り込み、破壊することによって、野生動物由来のウイルスが人にも伝播《でんぱ》したことが原因だろうと考えられています。つまり、動物と生態系の健康を損ねたことが人の健康をも脅かすことになったわけです。この事態を受け、「次なるコロナを防ぐために」と、日本自然保護協会やＷＷＦジャパンのような自然保護団体と、日本医師会、日本獣医師会など分野の垣根を超えた一二の団体によって「人と動物、生態系の健康はひとつ、ワンヘルス共同宣言」が二〇二一年一月一五日に発表されました。

一方、「ワンウェルフェア」は、「ワンヘルス」よりさらに一歩進んだ考え方で、人と動物、生態系のウェルビーイング(ウェルフェア)を、一体で互いに密接にかかわり合っているものととらえます。自分のペットの幸せを考えるという身近なところから、畜産動物の福祉や食の安全、ひいては地球環境全体の持続可能性までカバーする幅広い概念です。国連が決めた世界共通の目標であるＳＤＧｓとも密接に関連しているため、ここ数年で急速に広まりつつあります。「ワンヘルス」も「ワンウェルフェア」も、私たちはみなつながりあって生かされているのだということを思い起こさせてくれます。コロナ禍で多くの困難を経験したいまだからこそ、これらの概念が日本でも広まっていくことを期待したいものです。

最後に、人と動物の関係を語る際に多用される「人と動物の相互作用」(Human-Animal Interaction＝ＨＡＩ)と「人と動物の絆」(Human-Animal Bond＝ＨＡＢ)という言葉にも簡単にふれておきたいと思います。アメリカ獣医学会によると、「人と動物の相互作用」は人と動物のすべてのかかわりのこと。一方、「人と動物の絆」というのは人と動物の双方にとって恩恵がある関係のことで、「人と動物の相互作用」の一つです。

この本では「人と動物の絆」に軸足を置きつつ、「動物介在介入」のカテゴリーにはあてはまらないものも含め、さまざまな人と動物のかかわりについて見ていきます。

第1章
子どもの教育と動物

三鷹市立図書館で，犬に読み聞かせをする女の子

1　他者への心の回路を開く

JAHAのふれあい授業

　動物介在教育の一つの形として、ボランティアが動物を連れて小学校や幼稚園、保育園などを訪問する活動があります。このような活動を長年おこなっている団体の一つが、公益社団法人日本動物病院協会(以下、JAHA)。動物医療をとおして社会に貢献することを目的とする団体です。一九八六年、当時JAHAの第四代会長だった柴内裕子先生(赤坂動物病院名誉院長)が中心となり、CAPP(＝コンパニオン・アニマル・パートナーシップ・プログラム)と名づけられた人と動物のふれあい活動を立ち上げ、日本で初めて動物をともなって高齢者施設や学校、病院などへの訪問を始めました。それ以来保険を適用するような事故もなければ、因果関係の確認されたアレルギーの発生もなく、安全に活動を続けて今日に至っています。

　CAPP活動は、動物介在活動(AAA)、動物介在療法(AAT)、そして動物介在教育(AAE)の三つの分野でおこなわれています。活動にはJAHAが定める活動参加基準をクリアした動物とボランティアである飼い主（ハンドラー）のチームに加え、獣医師や動物看護師なども参加し、ボランティアと動物病院関係者が一体となって活動するため、動物たちへの細やかなケアができることが強みです。

コロナ禍のため、活動休止を余儀なくされた二〇二〇年三月末時点における訪問施設数は一六七。犬と飼い主のボランティアチームは約九〇あり、全国二七の都道府県で活動をおこなってきました。もっとも多い訪問先は高齢者施設ですが、近年は病院（小児病棟など）、小学校などからの訪問依頼も増えているそうです。

子どもたちと犬たちの「ふれあい授業」も、その一つです。これは動物との正しいふれあい方や命の大切さを子どもたちに学んでもらうことを目的としておこなわれる活動で、小学校の総合的な学習や道徳の時間枠などを使って実施されることが多いようです。

犬の立場になって考えてみる

現代の日本は高度に都市化が進み、集合住宅も増え、動物を飼えない住環境で暮らす子どもたちも少なくありません。そんななか、おそらくもっとも街や公園で見かけることが多い動物は犬だろうと思われますが、犬の習性を理解し、正しいふれあい方を知らないと、事故につな

小学校でふれあい授業をする柴内裕子先生（中央）とJAHAのボランティア

がることもあり得ます。子どもが撫《な》でたいと思って伸ばした手を、犬は見知らぬ人から突然さわられる恐怖から噛《か》んでしまうかもしれません。事故防止のためにも、そして、犬を悪者にしないためにも、日本ではとくに正しいふれあい方を学ぶ教育が必要ではないかと思います。

ふれあい授業では、まず「三つの約束」といって、犬をおどかさないためのルール、「犬の近くで突然走らない」「犬の近くで突然大きな声を出さない」「犬を突然さわらない」を学びます。そして、散歩中の犬をさわってみたいと思ったら、まずは飼い主さんに許可をもらったうえで、犬を怖《こわ》がらせないようゆっくり近づき、そっと犬の手をジャンケンのグーの形にして、そっと犬のあごの下に出すこと（「やさしいグー」という）を教わります。

そのつぎに学ぶのは、食事中の犬、子犬を抱えている犬、垣根の中にいる犬など、何かを守っている犬、スーパーやコンビニの前で飼い主を待っている犬、車の窓から顔を出している犬、飼い主がおらず一人歩きしている犬など、飼い主がそばにいなくて不安を感じている犬、仕事中の盲導犬や介助犬など、「犬をさわってはいけないとき」です。

事故防止のための教育は、子どもたちが犬の立場に立って考えること、つまりエンパシー(共感力)を育むことにつながります。犬という自分とは異なる他者に受け入れてもらうためにはどうすればいいのか。それには相手を知り、相手の気持ちを想像することが大切だという人間関係にも通じるレッスンを、子どもたちは犬とのかかわりをとおして学んでいきます。

さて、危険防止のためのレッスンがひととおり終わったら、いよいよ子どもたち待望のふれあいの時間です。児童は数人のグループに分かれ、そこに一頭ずつ犬とボランティアが入って、習ったばかりの挨拶の仕方などをおさらいします。ボランティアがその犬について話したり、みんなで犬の足の裏などを間近でじっくり観察したりもします。子どもたちにとっては犬を撫でたり、ブラッシングしたり、抱っこしたりできる楽しいひとときです。

小学校中・高学年の児童が対象の授業では、命を支える心臓の働きについての話をした後、犬の胸に拡声器付きの聴診器を当て、子どもたちに犬の心拍数を数えてもらったりもします。

授業の最後は子どもたちからの質問タイムです。犬はなぜ尻尾をふるのか、なぜ鼻が濡《ぬ》れているのか、犬は走るとどのくらい速いのかなど、ずいぶんさまざまな質問が出るようです。

以上がＪＡＨＡの標準的なふれあい授業の流れですが、他にも対象児童の数や年齢などによってさまざまなバリエーションがあります。また、授業が終わったあとはアンケートを提出してもらい、その内容にもとづいてフォローアップをします。多くの学校ではふれあい授業の感想文や絵を描く、もっと聞きたいことを手紙で質問する、段ボールで犬のハウスを作ってみる、習ったことをテーマに演劇をしてみるなど、ふれあい授業を児童の心により深く定着させるためのさまざまな工夫をしています。

ＪＡＨＡのほうでも参加したボランティアが質問に回答したり、返事を書いたりして応えます。できるかぎり単発のイベントで終わらせないよう、つぎに続く流れをつくることを心がけています。

柴内裕子先生との共著『子どもの共感力を育む――動物との絆をめぐる実践教育』より、子どもたちの感想をいくつかご紹介しましょう。

「私は最初は犬がすごくこわくて緊張していたけど、ふれあいの授業を受けてから、犬が好きになったとまではいかなかったけど、かわいいと思えるようになりました」（六年生の女子）。

「私は幼少のころ、あるデパートのところにつながれている犬に飛びつかれて、噛まれたことがありました。痛くて大泣きで親のところへ行きました。いま思えば、私もびっくりしたけれども、ワンちゃんもそうとうびっくりしたんだなと思います。かわいそうなことをしました」（六年生の女子）。

ふれあい授業はこのあと紹介する学校犬のように、子どもたちが日常的に動物とふれあうものではありませんが、動物への理解を深め、動物に対する想像力を育む、大切な一歩になると感じます。人間側の都合だけでなく、動物の側にも立って考えられる人が増えれば、地球はよりよい場所になるのではないでしょうか。

このような訪問型のプログラムに参加する動物は犬が中心ですが、なかにはヤギや馬など、ふだんなかなかふれあえない大型動物を連れていく活動もあります。広島大学の谷田創先生のチームは、幼稚園への馬の訪問活動をおこなっています（詳しくは『保育者と教師のための動物介在教育入門』参照）。

不登校の児童がきっかけとなった学校犬の導入

東京都杉並区にある立教女学院小学校では、二〇〇三年から動物介在教育として「学校犬」を導入し、子どもたちが日常的に犬とふれあえる環境を提供してきました。学校犬といっても学校で飼っているわけではなく、飼い主は教頭の吉田太郎先生（役職は当時。現在は東洋英和女学院小学部長）。吉田先生は二〇二二年春に退職されたため、現在は近隣にある公益財団法人アイメイト協会から訓練中の犬が週二回訪問し、学校活動に参加するという形に変わっていますが、それまでの一八年にわたる実践の中には多くの貴重な学びがあったようです。私は最後の年に学校を訪問し、学校犬のいる風景を見せていただくことができました。

吉田先生が学校に犬を連れてきたいと考えたきっかけは、なんだったのでしょうか。それは自宅に引きこもりがちで不登校になっていたある児童が、犬といっしょなら外出できるようになったことでした。その子がもっと外に出られるようになればと、吉田先生は自分の犬を連れ、その子が自宅で飼っている犬と休日の公園を散歩するという試みを繰り返しました。やがて彼女は自分の犬となら放課後の学校に来られるようになり、「学校に犬がいたらいいのになぁ」とつぶやいたそうです。

一人では無理でも、自分の大好きな犬となら外に出ることができた。犬は子どもに勇気を与えてくれる。そのことに意を強くした吉田先生は、子どもたちの仲間として学校生活の日常に溶け込めるような犬を迎えようと決意しました。

学校犬を導入するには、アレルギーや咬傷《こうしょう》事故などのリスクを最小限にしなければなりません。吉田先生は学内で検討を重ね、毛並みがワイヤー状で抜け毛やフケが少ないエアデール・テリアの中から、おおぜいの子どもたちとふれあえる適性を持った子犬を選びました。最初の学校犬は、バディという気性の穏やかな雌のエアデール・テリア。学校犬になるための訓練にも時間をかけ、慎重にスタートしました。

それから一八年、学校犬は途切れることなく続きました。初代バディ、バディの子リンク、福島から引き取った被災犬のウィルとブレス、そして二〇一五年に加わったエアデール・テリアのベローナに、アイメイト協会から預かったラブラドール・レトリーバーのクレア——合計六頭が学校犬として活躍したのです。

学校生活の一部

朝、吉田先生と登校したあと、犬たちは職員室の奥の「バディ・ルーム」と名づけられた部屋に行きます。そこをベースに吉田先生の帰宅時間まで過ごすのですが、学校にいる間、犬たちに朝ごはんを与えたり、水を飲ませたり、排泄《はいせつ》、散歩などの世話をするのは子どもたちです。世話係は「バディ・ウォーカー」と呼ばれ、希望する六年生が務めます。最初の年は一七人だったのが、年々希望者が増え、学年の半数が応募するほどになったため、当番制になりました。一八年の間には、七〇〇人を超える子どもがバディ・ウォーカーを経験したとのことです。

その日の当番のバディ・ウォーカーたちは、他の児童より一足早く朝八時に登校し、犬たちに朝ごはんをあげます。そのあとは学校の玄関まで犬たちを連れていき、登校してくる子どもたちのお出迎え。そして二時間目の授業後の二〇分の休み時間と昼休みに散歩、下校前にはふたたび短い散歩のあと、バディ・ルームを掃除、というのが日課でした。

私がある女の子にバディ・ウォーカーになった理由を聞くと、「私、家では犬を飼えないんです。でも犬が好きなので、バディ・ウォーカーになれば犬とふれあえると思って」。

そして、「とにかくかわいい！　テストとかで疲れてるとき、ベロ（ベローナ）に会うと癒される」と、大きな笑顔を見せました。

私が学校を訪問した日、午前一〇時二五分になると、次々と子どもたちがバディ・ルームにやってきました。手慣れた様子でケージにいる二頭の犬にリードをつけ、外に連れ出します。

「ベローナ！」「クレア〜」

授業の冒頭，ベローナとふれあう子どもたち

犬たちの姿を見ると、他の子どもたちもいっせいに集まってきました。声をかけたり、撫でたり、なかには犬に抱きつくようにして頬ずりしている子もいます。バディ・ウォーカーたちはまず植え込みで犬たちに排泄をさせ、グラウンドへ。ボールやフリスビーで活発に遊んでいるうちに、あっというまに二〇分の休憩時間は終わり、子どもたちは犬たちをバディ・ルームに連れて帰ります。

「あっ、まだお水飲ませてない、でも次、テストなんだ！」

「私やるから、先に行って」

バディ・ウォーカーたちは、お互いに協力しあって務めをはたしていました。

吉田先生が全学年で週一回受け持っていた聖書の授業には学校犬も同行するので、バディ・ウォーカーだけでなく、すべての子どもたちに犬とふれあう機会がありました。一歩、犬が教室に足を踏み入れると、「ベロ〜(ベローナ)」と歓声があがります。授業の冒頭、吉田先生がベローナを連れて子どもたちの席を回る間、犬に触りたい子は大喜びでベローナのもこもこの毛を撫でます。三分間のふれあいタイムが終わったあとは、ベローナは吉田先生の足元でゆうゆうと寝ていました。

学校犬のメリットは、なんといっても学校に常駐しているということでしょう。犬がいることが特別なイベントではなく、学校生活という全体の物語の一部であることが大事。吉田先生はそう語り、こんなエピソードを話してくれました。

「ふだんは来ない子が、ある日バディ・ルームに来て、当時の学校犬バディを撫でていたんです。あとで担任の先生に聞いたら、その子のお父さんに重い病気が見つかって、それでじゃないかなあ、と……」

犬の存在が日常の一部となっているからこそ、その子は自分が助けを必要とするときにバディのところに行くことができたのでしょう。子どもが犬のケアをするだけでなく、自分もまたケアされていると感じられる――。犬と子どもたちの間には、このような相互のかかわりがあります。

教育の効果は、すぐには測れない

初代学校犬のバディは二回の出産を経て、二〇一五年一月、一一歳一〇か月の生を閉じました。子どもたちはバディの子犬たちの世話を経験し、老いていくバディとその最期の日々も見守りました。福島から被災犬のウィルとブレスを引き取ったときは、彼らをとおして福島の人びとや動物たちの苦難に思いを寄せたり、実際に福島の子どもたちと交流したりすることもできました。また、盲導犬の繁殖犬であるクレアから生まれた子犬を二か月間育てるというボランティア活動も経験し、犬をとおして視覚障害への理解を深めました。学校という場で、これほど犬と深くかかわれる経験はなかなかできないでしょう。そのかかわりは子どもたちの共感力や命への感受性を育むのに、おおいに役立ったにちがいありません。

でも、吉田先生はその教育効果を検証する必要性はとくに感じていないとのこと。「心の教育や命の教育は、数値化できるものではないから」というのが理由です。

「結果が見えなくてもいいんです。見返りを求めてやっているのではありませんから。キリスト教の教育に効果があったかどうか、すぐに測れないのと同じだと思うんです」

もちろん、目に見える手応えもたくさんありました。学校を休みがちで、登校しても保健室にいることが多かった二人の子どもにバディの世話を任せたところ、一生懸命世話をし、やがて犬のことでクラスメートと会話が弾んで自然に教室に行けるようになったこと。バディがペットサークルを出て自由に歩き回れるよう、子どもたちが自発的に教室を掃除し、誤飲の心配がない環境にしたこと。最初は犬を怖がっていた子どもが、他の子どもたちが犬とふれあう姿を見ているうちに、だんだんそばに近づけるようになり、やがて犬とのふれあいを楽しめるようになっていったこと。

どれも子どもたちが学校犬を単なるペットではなく、学校生活をともに過ごし、成長していく仲間として見ていたからこその成果でしょう。ときには、卒業生が自分の赤ちゃんを連れて犬に会いに来るような嬉《うれ》しいこともあったといいます。

でも、学校犬との生活がその子どもにとってどんな意味があったのか、それがわかるのは何年も先のことかもしれないし、わからないかもしれません。それでも動物の力と、動物とともに成長していく子どもたちの可能性を信じる――。吉田先生が実践してきたのは子どもたちの心に種を蒔《ま》くことであり、それは動物介在教育ならではの重要な役割ではないでしょうか。

学校犬を導入する条件

正しく実践された場合には子どもたちにとって多くの恩恵がある学校犬ですが、導入するにはさまざまな必要条件があります。もっとも大切なのは犬の福祉、つまり犬にとって負担にならないようにするということです。そのためにはまず、子どもたちとのふれあいを楽しめる適性を持った犬であること。そのうえで、十分に社会化されていて、子どもとも大人とも安全にふれあえる、急な動きや音に過敏に反応しない、学校のようなにぎやかな環境でも落ち着いてハンドラーの指示に従えるなど、きちんと訓練されていること。犬の行動も子どもの行動もよく理解し、双方の安全に目配りできる人がハンドラーとなること。アレルギーのある子どもや犬が怖い子どもに対して十分に配慮すること。リスクとベネフィットについて教職員および保護者の理解を得ること。これらの条件を満たすことが求められます。

日本の場合、とくに課題となりそうなのは、誰が犬の飼い主(ハンドラー)になるのかということかもしれません。立教女学院小学校の場合は、吉田先生が学校犬を自分の飼い犬として育て、終生飼養《しよう》してきました。その過程ではプロの訓練士や獣医師などからさまざまな支援を受けたとはいえ、やはり個人の情熱だけに頼るのでは限界があり、持続可能な取り組みにするための仕組みが求められます。

欧米のスクールドッグ

欧米では近年「学校犬」(スクールドッグ、スクール・アシスタンス・ドッグなどさまざまな呼び方がある)の需要が高まっていて、学校犬の育成に特化したイギリスのドッグス・ヘルピング・キッズ、アメリカの介助犬育成団体NEADSなど複数の訓練団体があり、それぞれがガイドラインを決めて活動しています。これらの団体はただ学校犬を育成するだけでなく、犬と学校のマッチング、ハンドラーのトレーニング、導入の際のアドバイス、導入後のフォローアップ、犬とハンドラーの継続トレーニングなど、さまざまなサポートもおこなっています。

また、専門的な訓練を受けたスクールドッグとハンドラーのチームが特別支援校などに常駐し、子どもたちの教育やセラピーにかかわる活動をしているところもあります。イギリスの団体ドッグス・フォー・グッドの「コミュニティドッグス・イン・スクールズ」というプログラムは、犬とハンドラーのチームが教師やセラピストと連携し、クラス全体および個々の子どもをサポートするというものです。

たとえば、「リテラシー(読む、書くに加えてここでは、話す、聴く)」というクラス。「話す」レッスンでは、生徒たちはスクールドッグがいると、犬に伝わるようはっきりとした発音で話すよう努力します。人前では小さな声でしか話せなかった生徒が、スクールドッグと向かい合って座り、声の音量を上げれば犬の耳が動いて反応することから、少しずつ大きな声が出せるようになったそうです。

ドッグス・フォー・グッドによると、犬がいることで生徒たちにもたらされるベネフィットはつぎのようなものです。要約して紹介しましょう(訳：著者)

• 学校に来るのが楽しみになり、学びの意欲が高まる。

• 教室での態度や他者とのやりとりがよくなり、責任感が醸成される。

・理学療法を受けるときなど、犬がいるとより短時間で目標を達成できたりする。
・犬に対する理解が深まり、犬との安全で適切なかかわりができるようになる。
・犬といっしょなら学校外へのフィールドトリップ（見学旅行）などに行けるようになり、より地域に出られるようになる。
・他の生き物に対して、いかに責任を持つかを学ぶ。
・個々の生徒の抱える課題を乗り越えるのに犬が貢献する（たとえばリテラシーなど）。
・生徒どうしあるいは職員とのやりとりがよくなる。生徒によっては、家庭にもその効果が及ぶことがある。

また、恩恵を受けるのは生徒だけではありません。スクールドッグというみんなの共通の興味があることで、職員と生徒、職員どうしの間でもコミュニケーションが活発になるそうです。

多くのスクールドッグは、子どもたちの読書をサポートする役割もします。人前で声に出して本を読むのが苦手な子どもでも、犬に対してなら緊張せずに読めるので、子どもたちが犬に読み聞かせをするプログラムは非常に人気があり、幅広くおこなわれています。

このあと詳しく記述するR.E.A.D.プログラムはセラピー犬とハンドラーが学校などを訪問し、子どもたちの読書をサポートするものですが、語彙《ごい》を増やしたり、読解力を高めたりするという明確な教育目標を持っておこなわれるプログラムもあります。R.E.A.D. プログラムがボランティアによっておこなわれるのに対し、これらのプログラムは教師やそれに準ずるトレーニングを受けた人がハンドラーとなって実施するという違いがあります。

学校での動物飼育

「動物介在教育」と聞くと、学校での動物飼育のイメージが強いかもしれません。ところが、学校の中で、学校教育として動物を飼育するというのは世界でも珍しく、日本はほぼ唯一の国だそうです。教員の負担が大きいこともあり、日本でも近年はかつてのようにニワトリやウサギなどの鳥や哺乳類を飼育する学校が大きく減っているとのこと。私自身は学校での動物飼育活動の現場を取材したことがなく、その是非について論じられるだけの知識を持ち合わせていませんが、さまざまな本や関係者の話をとおして知るかぎりでは、適切な動物飼育ができる人材と環境が整っている学校はあまり多くないようです。自分の手で動物の世話をし、その動物に対して愛着を持つことができれば、子どもたちの共感力や社会性を育む効果は大きいでしょう。しかし、命あるものを扱うには、教員が動物介在教育を学び、かつ教員の負担が過重にならないよう学校・保護者・地域の獣医師などが連携して支援するなど、時間と労力をかけた取り組みが必要だと思いますが、現状ではハードルが高そうな印象があります。

欧米の学校で動物飼育活動がおこなわれていないのは、動物福祉を何より重視しているからだと思われます。欧米での動物介在教育は、動物と動物に精通した人々による教育機関への訪問、あるいは学校のほうから児童や生徒を連れて動物たちのいる場所を訪問するといったプログラムが一般的です。

自然の中でおこなう療育

千葉県木更津市真里谷の小高い丘の上に立つ赤い屋根の建物。その周囲に広がるのは、緑あふれる里山です。三〇〇年来の段々畑だった地形を利用し、上から園舎、園庭、放牧場、動物たちの厩舎《きゅうしゃ》が建てられています。総面積一万坪ののびやかな空間には、馬、羊、チャボ、犬、猫などの動物たちが暮らしています。

ここは社会福祉法人のゆり会が運営する児童発達支援センター「のぞみ牧場学園」。理事長の津田望さんは、幼いころから犬、猫、リス、ネズミ、鳥などさまざまな動物とともに育ち、何かあれば動物たちに話しかけ、泣きたいときは動物のそばで泣く、という経験をしてきたそうです。臨床言語士である津田さんは、一九七〇年代から八〇年代にかけて英国に滞在しているときに動物介在活動・療法に出会い、いち早く日本での療育に取り入れました。

一九九〇年代は東京都内で療育施設を運営していた津田さんは、やがて「子どもたちの心や身体の成長には、自然の中で、自然とともに生活することが大切なのではないか」という思いを強くしていきます。子どもたちがのびやかな空間で自然の美しさに感動し、動物の温《ぬく》もりを感じられるような療育施設をつくりたい。のぞみ牧場学園はそんな津田さんの思いを体現し、二〇〇三年に開園。ここでは、豊かな自然環境が大きな役割をはたしています。

学園でおこなっているのは、保育にさまざまな療法を組み合わせた総合的なセラピーです。一つはコミュニケーションに障害のある人に対する療法である言語聴覚療法と作業療法で、津田さんはそれらをダイレクトセラピーと呼んでいます。それと並行して、音楽療法や園芸療法、そして動物を介在した「アニマルセラピー」などをサイドセラピーと呼び、大いに力を入れています（ここでいう「アニマルセラピー」はふれあいを中心とした動物介在活動と、作業療法士がかかわる乗馬セラピーのこと）。

学園に通ってくるのは、自閉症、ダウン症、知的障害などのある〇歳から六歳までの子どもたち三五人。その他に小学生から中学生までの子どもたち約六〇人も、夕方からのデイサービスに通っています。

犬と猫が活躍する動物介在活動

朝一〇時半。「アニマルセラピー」担当のスタッフ瓜生さんが子どもたちに絵を見せ、今日のメニューを説明します。これから何をするのかを、あらかじめ視覚的にインプットするわけです。

説明のあとは、子どもたち待望の猫のマユが登場。マユは、学園の門の前に捨てられていたきょうだい猫のうちの一匹です。一人ずつ交代でマユにご飯をあげる間、マユにストレスを与えないよう、子どもたちは大きな声を出さず、自分の順番が来るのを待ちます。早くあげたくてたまらない子どもたちも、マユのために一生懸命、自分を抑えます。

ご飯のあとは外に出て、犬のハッチとのアジリティです。アジリティはポールを飛び越え、トンネルをくぐり、子どもと犬、どちらが先にゴールするかを競う障害物競走のようなものです。ミックス（雑種）犬のハッチは津田さんが保護した犬。多頭飼いをしていた飼い主が夜逃げをして置き去りにされた一〇頭の犬のうちの一頭です。子どもたちと並んで懸命に走る小柄なハッチに、競争相手のはずなのに、「ハッチ、がんばれ〜」と子どもたちの声援が飛びます。

アジリティが終わると、今度はブリタニー・スパニエルのプラムも加わってのお散歩です。

プラムはツツガムシ探知犬になる訓練を受けたものの、車酔いがひどいためキャリアチェンジしたとのこと。犬たちを散歩させながら、子どもたちは丘の上にある園舎へ。園舎の玄関には即席の「お店」が設《しつら》えられ、そこで犬たちにあげるおやつを買う「お買い物」をします。動物介在活動のなかに、買い物という基本的な生活技術のレッスンがさりげなく組み込まれているのです。

散歩から戻ったあとは、自由に遊ぶ時間。他の子どもたちが芝生で駆け回っている間も犬たちのそばから離れず、粉シャンプーを毛にすり込んであげる子がいました。大好きな馬にあげるレタスを瓜生さんといっしょに菜園に摘みにいく子もいました。

乗馬セラピー

レタスを摘んだ男の子は、その後、個別指導の乗馬セラピーにも参加。乗馬は乗る人の平衡感覚を鍛えるとともに、温かい馬の体にふれることで筋肉の緊張をほぐし、心身ともにリラックスさせる効果があるといわれています。

男の子は乗馬セラピー担当のスタッフ長谷川さんの指示のもと、馬に乗った状態で大きく手を伸ばしてキャラクターのカードにタッチしたり、箱にボールを投げ入れるなどの課題をこなしていきます。これらの動きは体幹を鍛え、平衡感覚を養います。セッションの最後には乗せてくれた馬のゆずにお礼のニンジンをあげて鼻面をなで、「ありがとう」と挨拶しました。

これらのセラピーは、子どもたちにどんな変化をもたらしているのでしょうか。

津田さんを始めとするスタッフの皆さんによると、大きな変化が見られた一人は、ある自閉傾向のある男の子だそうです。学園に来た当初は何にも興味を示さず、窓の外ばかり見ていて、他の子がそばに来るのも嫌がっていたといいます。それが、一年近く「アニマルセラピー」を受けるうちに動物とのふれあいが楽しみになり、動物園に行くと自ら動物に餌をあげるようになって家族を驚かせたそうです。学園でも集団での遊びができるようになり、対人関係がよくなったとのこと。

また、感覚過敏で帽子をかぶれない子どもが、乗馬のヘルメットならかぶれるようになったり、力かげんがわからなかった子どもがそっと犬を撫でられるようになったり、最初は乱暴だった子がやさしく犬をハグできるようになり、やがて他の子どもたちとの関係もよくなったりと、動物とのかかわりが動機づけとなり、その子の成長をうながしていることがうかがえます。

「コミュニケーションとは言葉を発することだけではありません。まずは外界のことに心を開いていくこと。自然であれ、動物であれ、人間であれ、他者に興味を持ち、心を開けるよう

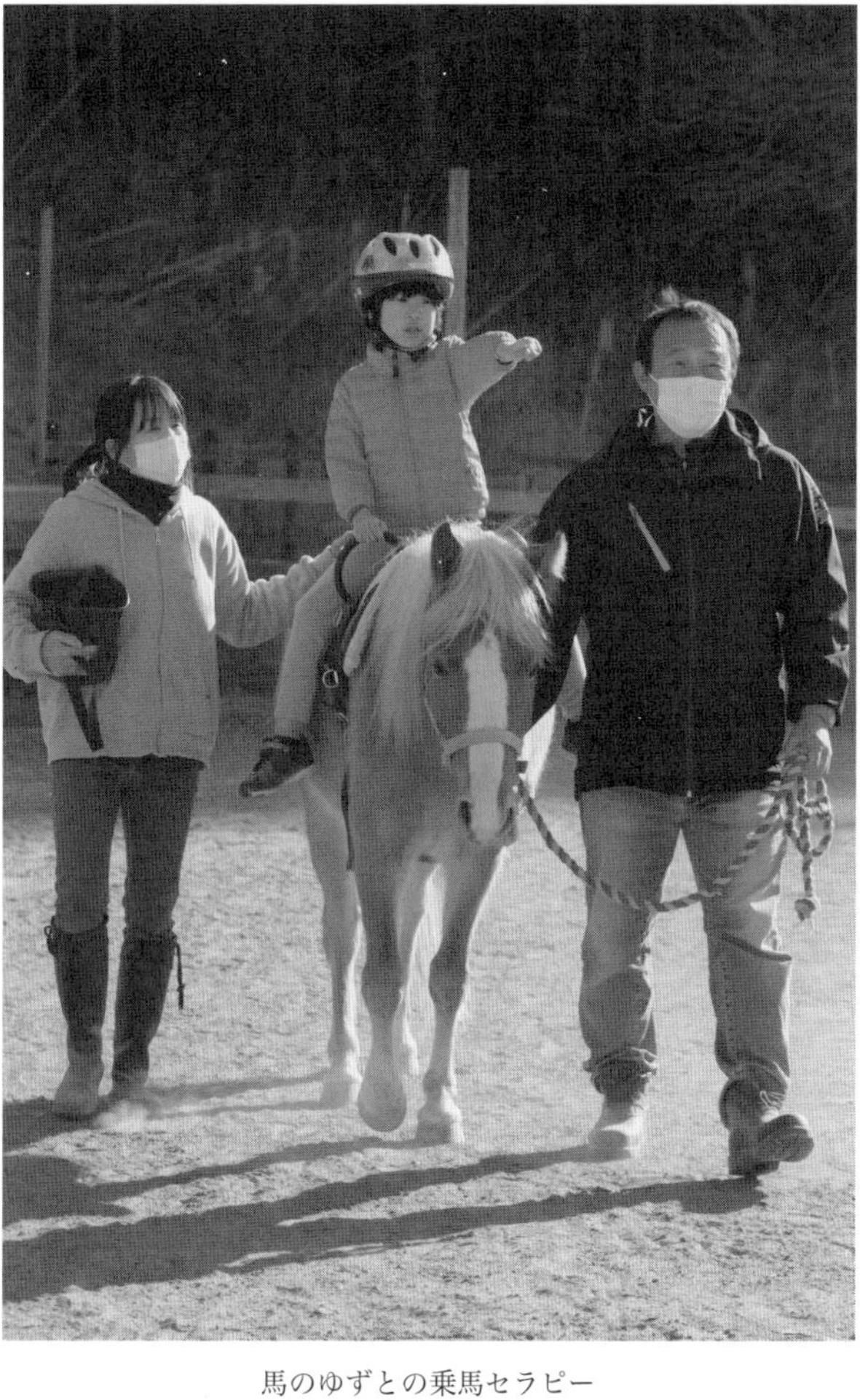

馬のゆずとの乗馬セラピー

になることがコミュニケーションの基本なんです。そのコミュニケーションの最初の扉を開くのが動物なんだと思います」と津田さん。

動物たちは子どもたちが自分以外のものに目を向け、もっと知りたい、かかわってみたいと考え始める大きな動機づけになるようです。

動物は未知のものへの興味をかき立てる

これまでさまざまな動物介在教育の実践の様子を見てきましたが、ここではその目的や意義について考えてみたいと思います。

動物介在教育とは、「参加者の動物への興味と関心を引き出すことによって、他者とのこころの交流回路(こころの窓)を開放することで、他者の存在を認識し、他者(人間だけでなく他のすべての生き物を含む)との関係性を向上させようとすることを目的としています」。

これは長年動物介在教育にかかわってこられた、広島大学の谷田創教授の言葉です。子どもたちが、動物への興味をきっかけに自分以外の者に目を向け始め、やがて周りにいる人や生き物のことも考えるようになる――これこそ動物介在教育の真髄《しんずい》ではないかと、私も思います。

谷田先生は『保育者と教師のための動物介在教育入門』という本の中で、子どものこころに生き物に対して感じたことは、「自分よりも小さい存在がたくさんいる」という驚きだったと述べています。三歳で初めて猫と対面したときは、自分の目線より下に動くものがいて、しかもそれが作りものではなく、抱き上げたり撫でたりできて、温かい、ということに興奮したそうです。また、猫やニワトリが餌を求めて自分に訴えかけてくることをとても嬉しく感じ、自分が誰かから必要とされていることに満足した、とも書かれています。

私自身も子どものころの一番の楽しみは生き物とふれあったり、観察したりすることでした。一昔前の子どもは時間がたっぷりありましたから、放課後や休日はもっぱら犬といっしょに近くの原っぱで過ごし、飽きることなく野良猫やトカゲや昆虫などを探したものです。当時は人間よりも、明らかに自分とは異なる人間以外の生き物が興味深くてたまりませんでした。やがて身近にいる動物だけでなく、世界中のさまざまな環境で暮らす動物たちのことが知りたくなり、世界の動物図鑑を枕元に置いて寝るようになり、動物が出てくる本は片端から読むようにもなりました。私にとって、未知のものへの興味を何より強くかき立ててくれたのは動物たちだったといえます。

二〇一〇年に獣医師の柴内裕子先生といっしょに『子どもの共感力を育む』を著した際は、私なりに子どもと動物とのかかわりが大切だと考える理由を三つ挙げました。

・自分とは異なる生き物である動物の行動を理解しようとすることで、他者への共感力やコミュニケーション能力を磨くことができる。
・動物をケアすることをとおして、自分より弱いものを思いやる心を育むことができる。
・好きな動物の存在を動機づけとして、苦手だったこと、関心がなかったことにも前向きに取り組むきっかけが得られる。

今回、これらの他にもう一つ大切なことを付け加えたいと思います。それは、動物たちとのかかわりは子どもの「センス・オブ・ワンダー」を育む、ということです。センス・オブ・ワンダーとは、美しいものや未知のもの、神秘さや不思議さに目をみはる感性のこと。アメリカの作家で海洋生物学者でもあったレイチェル・カーソンの不朽の名著『センス・オブ・ワンダー』は、病気で自分の余命が残り少ないことを知ったカーソンが、幼い甥のロジャーとともに森や海辺を歩いた経験から、子どもたちのセンス・オブ・ワンダーを育むために大切なことを綴った本で、短いながらも、人と自然、この地球とのかかわりについての深い思索が込められています。

カーソンは本の中で、こう書いています。

「わたしは、子どもにとっても、どのようにして子どもを教育すべきか頭を悩ませている親にとっても、「知る」ことは「感じる」ことの半分も重要ではないと固く信じています。子どもたちがであう事実のひとつひとつが、やがて知識や知恵を生み出す種子だとしたら、さまざまな情緒やゆたかな感受性は、この種子をはぐくむ肥沃な土壌です。幼い子ども時代は、この土壌を耕すときです」

自然に親しむ子どもの減少

メディアなどでもたびたび報じられているとおり、日本の子どもたちが外で過ごす時間は減少の一途をたどっています。

時計メーカーのシチズンが小学校高学年を対象に実施した二〇一六年の調査によると、子どもたちが外遊びに費やす時間は一九八一年の二時間一一分から、二〇一六年には一時間一二分と、三五年間で半分近くまで減っています。

一方、独立行政法人国立青少年教育振興機構の「青少年の体験活動等に関する意識調査(令和元年度調査)」の「青少年の体験と意識の関係」によると、自然体験を多くおこなった子どもや青少年ほど自己肯定感が高くなることが示されています。自然体験がもっとも少ない群ともっとも多い群を比較すると、少ない群の自己肯定感は「高い」と「やや高い」の合計が約三三

％であるのに対し、多い群では六七％と大きな差が見られます。

アメリカのジャーナリスト、リチャード・ルーブは、感覚の収縮、注意力散漫、体や心の病気を発症する割合の高さなど、自然から離れることで人間が支払う代価として、「自然欠損障害」という概念を提唱しました。そして、世界的ベストセラーとなった *Last Child in the Woods* という本の中で、ＡＤＨＤ（注意欠如多動性障害）と診断された子どもたちが自然の中にいるときは落ち着くことができたり、集中力が高まったりするという複数の研究を紹介しつつ、子どもたちの自然離れに警鐘を鳴らしています。

ゲーム機やスマートフォンの画面をとおして見るバーチャルなものではない、本物の自然や動物に出会い、さわったり匂いをかいだりして五感で体感する機会が減ることは、子どもたちにとって大きな損失にちがいありません。私たち人間も自然界の一部なのに、他の多くの生き物たちとのつながりを実感できないまま成長するとしたら、なんて寂しいことでしょうか。

子どもたちと自然界をつなぐ

子どもたち、とくに都会の子どもたちにとって、もっとも身近な自然といえるのはペットの動物たちではないかと思います。犬や猫のように何千年も前から人間と暮らしている動物でも、自然のリズムや野生の本能を内に持っていますが、何よりも異種の生き物であるということが、人間以外の存在に意識を向けるきっかけを与えてくれます。

もちろんすべての子どもが動物好きというわけではなく、なかには怖いと感じる子どもたちもいるでしょう。でも動物が苦手な子どもにも配慮しつつ、適切に興味を喚起することができれば、動物たちは子どもたちと自然界の架け橋のような存在になれるのではないかと思います。

子どもたちが動物たちとの交流をとおして、他の生き物に対する愛情や敬意、思いやりを育み、利用する資源としてではなく、ともに生きる仲間としての意識を醸成することができたなら、自分たちが暮らす地球への意識も違ったものになるのではないでしょうか。動物介在教育には、人間社会だけにとどまらない大きな可能性があると思います。

2　子どもの学びを支援する

読書教育のニーズが高いアメリカ

子どもが犬に読み聞かせをするR.E.A.D.プログラムは、一九九九年にアメリカで始まりました。R.E.A.D.とは、Reading Education Assistance Dogs の大文字を取ったもので、〝読む教育を手助けする犬〟という意味です。始めたのはユタ州ソルトレイク・シティのインターマウンテン・セラピー・アニマルズという団体で、その活動は大成功を収め、またたくまに全米、カナダ、ヨーロッパへと広がりました。二〇二二年末現在、中南米やアジアも含め、少なくとも二五か国で実施されており、全米のすべての州で六〇〇〇以上の犬とハンドラーのチームが活動しています。詳しくは後で書きますが、R.E.A.D. プログラムを取り入れた試みは日本でも始まっています。

読み書きの能力は、社会で生きていくうえでもっとも重要な基盤となるもので、これが不十分だと就労はおろか日常生活にも苦労します。しかし、二〇一九年に発表された国立教育統計センターの報告によると、アメリカでは一九%の大人の読み書き能力が基礎レベルかそれ以下。さらに、元ミシガン州立大学学長のマイケル・ニーツェル氏が二〇二〇年九月にフォーブス誌に寄稿した論考によると、文書(新聞記事、パンフレット、使用説明書など)を読んで理解する読解力が小学六年生以下という大人(一六~七四歳)が五四%(約一億三〇〇〇万人)にも上るというのです。読解力は収入レベルにも大きく影響することがわかっており、基礎レベルの読解力がない人の平均年収は、基礎レベルに達しているかそれ以上の人の半分ほど。国全体の経済的損失は年二・二兆円にもなる可能性がある、というのが記事の主な論点でした。

大人の約半数が、小学六年生以下の読解力しか持っていないというのは衝撃的です。アメリカのように貧富の差が極端に大きく、英語が母語でない人たちも少なくない国では、読書教育のニーズはきわめて高いでしょう。R.E.A.D. プログラムが爆発的に広まった背景には、このような事情もあるのかもしれません。

犬が相手なら安心して読める

R.E.A.D. プログラムは動物介在活動として図書館や書店、学校の放課後活動などで、また動物介在療法として特別支援校などでおこなわれたりしていますが、やはりもっとも一般的な活動場所は図書館でしょう。アメリカではどの町に行っても、たいていどこかの図書館で犬への読み聞かせプログラムを見つけることができます（ただし R.E.A.D. プログラムとして登録していない団体も多い）。

犬に本を読んであげたい子どもなら誰でも参加できる開かれた場所である図書館は、読書のきっかけ作りにはぴったりです。参加するのは小学生が中心ですが、保護者が幼いきょうだいもいっしょに連れてくるなど、家族みんなで犬とのふれあいを楽しめる場にもなっています。

私はこれまでいくつかの読み聞かせプログラムを取材してきましたが、そのうちの一つがワ

図書館でのローバー・プログラムの様子

シントン州シアトル近郊にある「リーディング・ウィズ・ローバー」(以下、ローバー・プログラム)です。ローバー・プログラムでは、セラピー犬認定を受けた犬とハンドラー(飼い主)のチームが地域の小学校、図書館、書店などに赴き、子どもたちが犬に読み聞かせをする機会を提供してきました。現在ではさらに活動範囲が広がり、病院、高齢者施設、ホスピス、大学、事故や災害現場などへもセラピー犬の訪問活動をおこなっていますが、原点は本を読むのが苦手な子どもたちへの支援です。

実際のプログラムは、どのようにおこなわれるのでしょうか。

子どもと犬とハンドラーが床に敷いたマットや毛布などの上に座り、リラックスした状態で、子どもが犬を相手に、一五〜二〇分間本の読み聞かせをします。ここで大事なのは、子どもと犬(とハンドラー)が一対一になれて、他の子どもの目を気にしなくていい状況をつくること。読むのが苦手な子どもは、人前で声を出して読むのが恥ずかしい、読みまちがえて笑われたらどうしよう、というプレッシャーにさらされています。セルフ・エスティーム(自己肯定感、自己効力感など)の低い子も少なくありません。だから、他の子どもたちに聞こえないところで、犬(とハンドラー)という、けっして自分を笑ったりばかにしたりしない聞き手を相手に読むことが重要なのです。

犬の存在が子どもたちを落ち着かせることは、かなり前からさまざまな研究が示しています。動物が人の心身に与える影響について研究したエリカ・フリードマンとアーロン・キャッチャーらによると、穏やかな犬のそばでは、声を出して本を読んでも子どもの血圧が上がらないことが報告されています。相手をそのままに受け入れ、いっさい批判したり注意したりしない犬だからこそ、子どもたちは安心して、読むことに集中することができるのでしょう。

子どものセルフ・エスティーム

私が取材したシアトル郊外にあるローズヒル小学校では、週一回、ローバー・プログラムによる犬への読み聞かせがおこなわれていました。児童のなかには、英語を母語としない移民の子どもたちや、学習障害などで読書に困難のある子どもたちも多くいました。読み聞かせは犬と子どもが一対一でおこなうので、一度におおぜいの子どもが参加できるわけではありません。当然もっとも必要としている子どもが選ばれるのだろうと思っていましたが、そうではありませんでした。教師たちはただでさえセルフ・エスティームの低い子どもが、「自分は読むのが下手だから選ばれたんだ」と思わないよう、読書には問題がないけれど、ただ犬に本を読んであげたい、という子どもたちも参加できるようにしていました。

読み聞かせの授業の様子を見ていると、本を犬のほうに向け、ほんとうに犬に向かって読んでいる子が多いのに驚きます。その姿からは、子どもたちが犬に本を読んであげることで大きな満足感を味わい、セルフ・エスティームを高めるのにもつながっていることがうかがえます。そのうち目を閉じて気持ちよさそうに眠ってしまう犬もいますが、子どもたちは気にしません。寝そべっている犬の温かい体に自分ももたれかかり、声を出して読み続けます。

人間のハンドラーの役割も重要です。ハンドラーは犬と子どもの間ではなく、犬側に座り、犬に飼い主がそばにいる安心感を与えるとともに、さりげなく犬と子どものふれあいをサポートします。たとえば犬のマックに向けて読んでいるうちに子どもが理解できない言葉が出てきたら、「その言葉、マックも初めて聞くと思うよ。どんな意味か、マックに教えてあげて」というふうに話しかけ、いっしょに辞書を引くなどして調べます。もしこのときハンドラーが「この言葉はなんという意味かな？」などと子どもに直接聞いたりしたら、子どもはおそらくプレッシャーを感じてしまうでしょう。それが、犬を介在させ、「犬に教えてあげる」ことによって、子どもは自分が試されているとか押しつけられていると感じずに、学習を続けることができるのです。

子どもの読書にもたらす効果

犬に読み聞かせをすることを読書への動機づけとし、子どもたちの読解力を高める――。こう聞くと、なるほど、それはすばらしいアイデアだ、と思わずうなずきたくなりますが、実際のところ効果はあるのでしょうか。

じつはこのテーマでの研究は、すでに多数あります。明らかな効果は見られないという結論に至った研究もありますが、多くは犬への読み聞かせが子どもたちにさまざまなベネフィットをもたらすことを報告しています。

南アフリカにある大学の心理学部の研究者であるル・ルーたちがおこなった研究では、低所得の人々が暮らす地域の小学校の三年生を対象に、犬に読み聞かせをすることが、読むスピード、正確さ、内容の理解、という三つの項目から成る「読書力」に影響を与えるかどうか検証しています。

まず、ESSI Reading Test により読書が苦手であると判定された一〇二人の児童を、ランダムに三つの実験グループと一つのコントロールグループ（対照群）に分けました。

- 犬に読み聞かせをするグループ　二七人（犬のハンドラーがそばにいる）
- クマのぬいぐるみに読み聞かせをするグループ　二六人（大人がそばにいる）

・大人に対して読み聞かせをするグループ　二四人
・コントロールグループ　二五人

犬のグループには、読み聞かせの前に犬とふれあう時間がありました。参加した九頭の犬はすべてセラピー犬認定を受けており、ボランティアはR.E.A.D.プログラムの経験を積んでいます。各グループとも、参加児童は週一回二〇分間、一〇週間にわたって本の読み聞かせをしました。一方、コントロールグループの児童は読み聞かせには参加せず、普段どおりの学校生活を送りました。

さて、その結果はどうだったかというと、プログラム開始前、終了直後、終了から八週間後の三回に分けて測定したところ、犬に読み聞かせたグループの「内容の理解」のスコアがプログラム終了直後、八週間後ともに有意に上昇したそうです。

その理由について、研究をおこなったル・ルーらはこう推測しています。穏やかな犬がそばにいることでストレスが低下したこと、犬に無条件に受け入れられたことで、読むのが苦手な子どもたちの読書への抵抗感が減ったこと、そして、抵抗感が減ったことで声を出して読めるようになり、読解力の向上につながったのではないかというものです。ちなみに、読解力は声に出して読むことで向上するともいわれています。

もう一つ、このようなポジティブな結果につながった要因として、私が素人ながらに思うのは、犬のグループに参加した子どもたちは毎回同じ犬に読み聞かせをしたということです。短時間ではあれ、一〇週間ある特定の犬に読み聞かせをすることで、子どもたちは犬に対して愛着や絆を感じたのではないでしょうか。この研究での分析対象にはなっていませんが、プログラムが終了したあと、子どもたちは自分の相方だった犬に手紙を書いたそうです。なかには犬の絵を描いた子もいたとのこと。ル・ルーらもそれらの手紙を分析すれば、子どもたちと犬とのかかわりの質についてより深いことがわかるかもしれないと述べていました。

また、セントラル・フロリダ大学のパラダイスの博士論文によると、セラピー犬を相手に読んだ生徒と、先生を相手に読んだ生徒を比べた研究では、セラピー犬相手に読んだ生徒たちはその後より積極的に学業に取り組んだり、教室での活動に参加したりしたということです。

まだ確たるエビデンスはないものの、私たちがなんとなく「これはよさそうだ」と感じる、犬への読み聞かせには、どうやら実際に効果があるといってよさそうです。

日本初のR. E. A. D. プログラム

おそらく日本で最初におこなわれたR.E.A.D. プログラムは、二〇〇七年から二〇〇九年までJAHAが渋谷区の臨川《りんせん》小学校の特別支援学級で実施した取り組みではないかと思います。前にも書いた赤坂動物病院名誉院長の柴内裕子先生とCAPPボランティアの小林美和子さんが本家インターマウンテン・セラピー・アニマルズのR.E.A.D.プログラムの研修に参加し、それまで臨川小学校でおこなっていた「ふれあい授業」のメニューの一つとして取り入れたそうです。この小学校はたまたま公立の図書館に隣接していたため、犬といっしょに図書館に行ける恵まれた立地にありました。

柴内先生によると、子どもたちは一人で何冊もの本を抱えてきて、「今日はこれを読んであげるんだ」と熱心に参加したといいます。慣れてくると、「ぼくがワンちゃんを図書館まで案内する」とはりきり、荷物を持ってくれたり、自分のお気に入りの犬は「あの子はぼくが面倒みるんだ」と言って、犬の入ったキャリーバッグを持って先導してくれたりもしたそうです。

柴内先生が『子どもの共感力を育む』の中で、とくに感動したエピソードとして紹介されているのは、ある燦々《さんさん》と太陽の輝く日に校庭でふれあい授業をしたときのこと。強い陽射しは犬によくないと、子どもたちは自分たちのジャケットを脱ぎ、テントを作って犬のために日陰を作りました。さらにはノートで扇子のようなものを作って、一生懸命扇《あお》いでくれたのだそうです。

また、ある子どもは小さな花を摘んで犬の冠を作ってくれたり、別の子どもは小さな木の芽のようなものを押し花にし、「幸せのしおり」と呼んでプレゼントしてくれました。このエピソードを聞いた学校の先生は「エーッ、〇君が、そんなことできたの！」とびっくりしたとのこと。

子どもたちがこのような細やかな愛情表現ができたことや、先生たちでさえも気づかなかったその子のポテンシャルが犬によって引き出されたことについて、柴内先生は「こういう思いやりの気持ちが育つのは、自分が何かをしてあげられる対象がいるからであると思います」と語っています。私も、まさにそこがもっとも重要な点ではないかと思います。子どもたちが動物たちとふれあって喜びを感じたり、癒されたりする、いわば受益者であるだけでなく、子どもたちにも動物たちのためにできることがある。動物を介在した活動をおこなう際には、そのような双方向性がとても大切だと感じています。

三鷹市立図書館の「わん！だふる読書体験」

日本の公共図書館として初めてR.E.A.D.プログラムを取り入れた活動を始めたのは三鷹市立図書館です。私が図書館協議会の委員をしているご縁から、R.E.A.D.プログラムを提案したところ、検討してもらえることになりました。そして、柴内裕子先生のお力添えでＪＡＨＡのＣＡＰＰチームの協力が得られることになり、三鷹市立図書館との協働が実現したというわけです。何度も打ち合わせを重ね、ボランティアの養成研修も実施したうえで、二〇一六年八月、三鷹市立図書館とＪＡＨＡとの協働事業として正式にスタートしました。

プログラムの名称は「わん！だふる読書体験」です。その位置づけは「みたか子ども読書プラン２０２２」といって、三鷹市が策定している子どもの読書活動推進計画に掲げる「読書の楽しさを伝えるしくみ」の一つ。つまり、子どもたちに図書館に来てもらうきっかけを作り、本と出会い、本を読む楽しさを知ってもらうための啓発活動です。そのため、対象者は幅広く、自分で本を読めて、犬に本を読んであげたいと思う子どもなら誰でも参加できることになっています。これまで下は三～四歳の子どもから、上は中学生が参加したこともありましたが、主には小学校低学年から中学年の子どもたちです。

わん！だふる読書体験では、子どもたちの相方となる犬たちを「読書サポート犬」と呼んでいます。みなＪＡＨＡのＣＡＰＰ活動犬としての認定を受け、病院の小児病棟や学校、高齢者施設などで活動してきたベテランぞろいです。子どもたちが本を読んでいる間、じっとそばに寄り添うのは犬にとって負担が少ないため、そろそろ引退が近いシニア犬も参加しています。

共感力を育む、ふれあい教室

わん!だふる読書体験はR.E.A.D.プログラムを参考にはしていますが、日本の事情に合うよう手直しする必要がありました。そこで、犬に読み聞かせをするという動物介在活動に、JAHAがおこなっている動物介在教育を組み合わせ、まずは子どもたち全員にふれあい教室に参加してもらうことになりました。欧米とは違い、日本では家で犬を飼ったことがない、犬に触ったことがない、という子どもも多いため、読み聞かせで犬と向き合う前に、まずは犬という動物を知り、犬との適切なふれあい方を学んでもらうことになったのです。

内容は前にも紹介したJAHAのふれあい授業とだいたい同じ。図書館の会議室を会場に、犬の前ではやってはいけない〝三つの約束〟「犬の近くで突然走らない」「大きな声を出さない」「突然さわらない」を教わります。また、初めて会う犬にはどんな挨拶をすればいいか、飼い主がおらず、一人歩きしている犬とばったり出会ったらどうすればいいかなど、事故防止のための知識を身につけます。

たとえば、コンビニの前で飼い主を待っている犬や、車の窓から顔を出している犬をさわりにいってはいけないのはなぜか。それは、犬は飼い主の姿が見えなくなって不安を感じていて、そこに知らない人が来てさわろうとしたら、恐怖のあまり、攻撃してしまうかもしれないから――。説明を聞いた子どもたちは「そうなのか」と納得したようにうなずきます。ある子どもが後方の席に座っているお母さんのところに行き、「コンビニにいるワンちゃんはさわっちゃだめなんだよ、飼い主さんいなくて怖がってるんだよ」と一生懸命説明しているのを聞いたときは嬉しくなりました。

犬に興味があって来てみたけれど、実際に犬がそばに来ると怖くなった、という子どももいます。そういう子どもたちでも、ふれあい教室で犬をブラッシングしたり、おやつをあげたり、リードを持っていっしょに歩いてみたりするなどの経験をすることで、徐々に怖さを克服していく姿を目のあたりにしました。そうして他の生き物と交流する楽しさを知り、また一つ心の回路が開かれていく――。日本型の読み聞かせプログラムが、このような学びとセットになっているのはとても意味のあることです。

犬のために本を選ぶ

では、三鷹市立図書館ではどのようにプログラムを実施しているのか、具体的に見てみましょう。前にも書いたとおり、わん！だふる読書体験では、まずはふれあい教室に参加してもらい、後日(一～四週間後)、読み聞かせに来てもらうようにしています。ふれあい教室と読み聞かせを同日におこなう一日体験版も何度かやってみたことがあるのですが、別の日にするほうが読書への意欲が高まるらしいことがわかってきました。

ふれあい教室に参加した子どもたちは、今度どんな本を犬に読んであげようか、わくわくしながら考えるようなのです。図書館のほうでもおすすめの本を紹介するので、それらを参考に親子でいっしょに本を探したり、家でも犬や本について親子の会話がはずむと聞きます。

そして、これはアメリカとの違いですが、多くの子どもは事前に読む練習をしてきます。なかには、ほとんど暗記するほど練習してから来る子もいるのには驚かされました。親から練習するように言われたという可能性もありますが、子ども自身がこの読み聞かせを「特別な機会」ととらえ、できるだけ上手に読んであげたいと思っているのかもしれません。いずれにしても、日本の子どもたちは「かなり気合が入っている」というのが私の印象です。

一日に参加する子どもの数は八人。当日は保護者とともに図書館の二階の会議室に集まってもらい、図書館員からその日の流れの説明を受けたあと、犬とのふれあい方のおさらいをします。そして、保護者は同行せず、子どもたちだけ一階の児童図書コーナーに移動し、「おはなしのへや」と「くまの子ウーフコーナー」というスペースで、四組に分かれ、約二〇分間犬に読み聞かせ。終わったあとは出席カードに読んであげた犬の写真シールを貼ってもらい、二階の会議室に戻ります。そこで犬たちとのふれあいタイムを一五分ほど楽しんで、解散、という流れです。

じつは最初の三年間は、プログラムは一般の来館者の妨げにならないよう二階の会議室でおこなわれていました。それが、プログラムの認知度が上がり、実施する側も経験を積んだことで、そろそろ本に囲まれた図書館らしい環境でやってみようということになり、二〇一九年六月から児童図書コーナーに移ることにしたのです。カーペットが敷かれた温かみのあるスペースのなか、犬(とハンドラー)と自分だけの空間で読み聞かせをすることで、子どもたちはよりリラックスするようです。

わん!だふる読書体験に参加した子どもたちの感想を、いくつかアンケートから紹介しましょう。

「わんちゃんがちゃんときいてくれたのでまたやりたいです」
「まちがえても何もいわず、とってもよみやすかったです」
「時間がたつのがあっという間でした。もっとたくさん読んであげたかったです」

保護者からも、ポジティブなコメントが多く寄せられています。

「ふだん言われてもなかなか宿題にかかれない子が、知らないうちに読む練習をしていた。ふれあい教室から毎週『いつ読み聞かせの日?』ときいてきた」

「本を選ぶ際はワンちゃんでもわかりやすいよう、動いたり飛び出したりする絵本を選ぶなど、子どもなりに犬を気づかう姿が見られた」

「図書館がより親しみ深い場所になったので、このイベントはすばらしいと思います」

「動物が大好きなのに社宅住まいで飼えないので、このような機会があってよかった」など。

私が直接話を聞いたある小学生の男の子のお母さんは、「この子はふだんは乗り物図鑑のような本が好きなのに、犬が喜ぶ本を読んであげたいと、自分では読まないような本を探し始めて驚きました」と話してくれました。

広がる犬への読み聞かせ

図書館でのプログラムは学校での読み聞かせのように継続的におこなうものではないため、子どもたちの読書力向上につながったのかどうかを測るのは困難です。でも、わん!だふる読書体験は、子どもたちが図書館や本に興味を持つきっかけとなり、これまで読んだことのない本と出会い、読書の楽しさを知る、という啓発活動としての目的は十分果たしているのではないかと思います。

始めた当初は認知度が低く、すぐには参加希望者が集まりませんでしたが、図書館のホームページなどで周知していくうちにどんどん関心が高まり、いまでは申し込み初日に募集締め切りとなるほどの人気プログラムとなりました。開始から二〇二三年一月までの間に、延べ二三五人の子どもが参加しています。コロナ禍により中断を余儀なくされましたが、二〇二二年九月、二年半ぶりに再開することができました。

ちなみに、三鷹市立図書館に続き、二〇一九年からは千葉県流山《ながれやま》市のおおたかの森こども図書館でも、JAHAの協力のもと「わんわん読書会」と名づけられた読み聞かせプログラムが始まりました。その後やはりJAHAの協力で、品川区の大崎図書館分館でも「おはなしきいてね」という犬とふれあう読書会がおこなわれることになりました。コロナ禍で足踏みはしたものの、こちらも始まっています。このようにR.E.A.D.プログラムを取り入れた活動が日本の公共図書館で広まっていくのは、とても嬉しいことです。

また、書店での読み聞かせとしては初めての試みとして、一般財団法人クリステル・ヴィ・アンサンブルとJAHAの協働により、二〇二二年一一月に代官山の蔦屋書店で「どくしょ犬って知ってる？」というイベントがおこなわれました。二〇二三年春からは書店で正式に読書犬プログラムを開始し、いずれは全国に活動を広げていく予定だということです。

今後の展望として、読書に困難を抱える子どもたちのために、いつか学校などでも動物介在療法としての継続的な読み聞かせプログラムができたら、さらに恩恵を受ける子どもが増えるだろうと期待されています。

シェルターにいる動物に子どもが本を読む

近年アメリカでは、子どもたちがアニマルシェルターにいる動物たちに絵本などの読み聞かせをするプログラムが各地で広まっています。動物に読み聞かせをする点は共通していますが、そのやり方や目的はこれまで述べてきたプログラムとは少し異なります。R.E.A.D. プログラムなどに参加するのは、飼い主がいて、十分なケアと訓練を受けているセラピー犬です。しかし、これらのプログラムは子どもたちがシェルターに保護されている猫や犬のために読み聞かせをする、というもの。そこには人間のハンドラーも介在しません。どのようなプログラムなのでしょうか。

発祥の地はアメリカのペンシルバニア州バークス郡にある「アニマル・レスキュー・リーグ」（以下、ＡＲＬ）という動物保護団体のシェルターです。ある日、ＡＲＬのボランティア・コーディネーターとして働くクリスティ・ロドリゲスが、本を読むのが苦手な息子をシェルターに連れてきて、「猫たちに本を読んであげたらどう？」と提案したところ、彼はすっかり猫に読み聞かせをするのが好きになり、本を読むのを嫌がらなくなりました。そこでクリスティは、「うちの息子が気に入ったなら、きっと他の子どもたちも気に入るにちがいない」と考え、二〇一三年八月、「ブック・バディ」という猫への読み聞かせプログラムを始めたのです。

このプログラムはすぐに評判になり、多くの子どもたちが保護者に連れられてシェルターに来るようになりました。その一人で、当時七歳だったコルビーという男の子が猫に読み聞かせをする様子を母親が撮影した写真は全米に広まり、その後多くのアニマルシェルターで同様のプログラムが生まれるきっかけになったといわれています。じつは私も、以前ARLのウェブサイトでその写真を見て感動した一人です。小さな男の子が茶トラ猫に腕を回し、抱きかかえるようにして絵本を読み聞かせている写真からは、あふれんばかりのやさしさと思いやりが伝わってきて、見ているだけで心が温かくなります。

コルビーとお母さんのケイティにインタビューしたハフポストの記事によると、コルビーは本を読むことに強い苦手意識があり、読ませようとすると、自分は頭が悪いから読めない、と泣いて抵抗するほどでした。それが、たまたまコルビーのお祖母さんがARLからシニア犬を預かるボランティアをしていたことから、ブック・バディへの参加を勧めたところ、動物好きのコルビーは意欲を見せ、ついに猫たちに向かって本を読み始めました。そうするうちに読むのが苦にならなくなり、自信がつき、成績も上がったというのです。

さらに、コルビーは自分が読み聞かせをした猫たちを三匹引き取ってもらい、家でも読み聞かせを続けたとのこと。このことはシェルターを運営するＡＲＬにとっても嬉しい驚きだったようです。もともとは本を読むのが苦手な子どもたちのためになれば、と始めたプログラムだったのが、そのおかげで新たな家庭に迎え入れられる猫たちが増えたのですから。

二〇一六年には、シェルターにいる犬のための読み聞かせプログラムもミズーリ州セントルイスにある「ヒューメイン・ソサエティ・オブ・ミズーリ」（以下、ＨＳＯＭ）で始まりました。子どもたちがシェルターに収容されている犬たちに読み聞かせをする「シェルター・バディズ・リーディング・プログラム」です。ここでは六歳から一五歳までの子どもたちが犬のいるスペースの外に座布団を敷いて座り、中にいる犬に向かって一対一で絵本の読み聞かせをします。子どもと犬は透明の窓で仕切られていますが、下のほうは開いており、声が届くようになっています。

プログラムに参加するにあたっては、子どもたちは保護者とともに一時間半の研修を受け、まずは犬たちのボディランゲージの意味、犬を怖がらせない近づき方、静かな落ち着いた声で話すことなどを教わります。三鷹市立図書館のわん！だふる読書体験で、最初にふれあい教室を受講することが子どもたちの共感力を高めるのに役立っているように、このプログラムも動物介在教育としての要素を多分に持ち合わせています。

ＨＳＯＭによると、読み聞かせは犬たちの不安をやわらげ、落ち着かせる効果があるといいます。吠え続けていた犬が静まったり、犬舎の奥で縮こまっていた犬が前のほうに出てきたりするなど、目に見える変化があるとのこと。そして、人が来ると前のほうに出てくるようになれば、その犬が引き取られるチャンスも高まります。このプログラムを始めてから、犬たちが譲渡先を見つけられるまでに要する日数が短くなったそうです。

そのことを裏づける研究もあります。二〇二一年にオーストリアの獣医学大学の研究者たちがおこなった、人間の声と存在がシェルターにいる犬や猫に及ぼす影響についての研究では、一四頭の犬と二一匹の猫を対象に、あらかじめ録音しておいた本の読み聞かせテープを使い、人がそばにいた場合（スペースの外側で、直接の接触はない）と、録音だけを流した場合の行動を比較したところ、人がそばにいる状態で読み聞かせのテープを聞いた犬は、人に近い位置にある犬用ベッドで過ごし、声のするほうを見る時間が長かったとのこと。また、猫はドアを引っかいたり、体をこすりつけたりして人の注意を引こうとする行動が見られたそうです。このような行動を見せる動物たちはより引き取られやすいため、人間の声と存在を組み合わせることがシェルターにいる動物たちの譲渡率を高めることにつながるのではないかと研究者たちは考えています。

保護猫の社会化のために

私が取材した猫への読み聞かせプログラムをご紹介します。ワシントン州シアトルにある老舗の動物愛護団体「シアトル・ヒューメイン」が二〇一四年からおこなっている「キティ・リテラチャー(猫のための文学)」です。じつは当初は犬への読み聞かせプログラムを始めたいと考えていたそうなのですが、このシェルターで保護しているのは攻撃性があるなど扱いがむずかしい犬たちが多いため、子どもたちの安全を考えて猫にしたとのことでした。

なんらかの事情で捨てられたり、野良で生まれ育ったりした猫たちの多くは人間を怖がっており、ふつうはなかなか近づけません。無理に近づこうとすると逃げてしまうか、シャーと威《い》嚇《かく》してくるでしょう。そんな猫たちが新たな家庭に引き取られるチャンスを高めるには、人に慣れ、人とかかわれるようになること(社会化)がとても重要ですが、このプログラムでは子どもたちにそのプロセスを手伝ってもらおうというのです。子どもたちは保護猫の社会化を助けるボランティアという位置づけなので、みんな誇らしそうにボランティアのＩＤ証を首から下げています。

シェルターの一番奥には、「私たちのところには最後に来てね」と書かれた張り紙がしてある部屋があります。そこはFelv（猫白血病ウイルス）陽性の猫たち専用の一室で、シェルター内の猫に感染が広がるのを防ぐため、そのような注意書きが掲げられているのです。私は小学五年生の女の子ケネディが、その部屋で読み聞かせをするのに同行させてもらいました。

ケネディが絵本を抱えて部屋に入ると、そこで暮らす二匹のうち、茶トラ猫はひとしきりケネディのズボンの匂いを嗅ぐと、さっと高いところにかけ登りました。キジ白猫のほうは隅っこのほうに隠れてしまいました。

ケネディはベンチに腰かけ、絵本を開きます。今日彼女が選んだのは『おおきな木』と『もしもねずみにクッキーをあげると』。どちらも長く読み継がれてきた名作絵本です。ケネディは穏やかな声でゆっくりと、でも猫たちにも聞こえるように読み聞かせを始めました。

「あるところに、いっぽんの木がありました……」

読み進むうちに、高いところから見下ろしていた茶トラ猫が、少しずつ下のほうに降りてきました。やがて、ついに手の届く距離まで来て体をさわらせてくれ、ケネディは嬉しそうににっこり。一冊目を読み終わり、二冊目を読んでいると、今度は隠れていたキジ白猫も出てきて、ケネディのすぐ横に座りました。読み聞かせを続けながら、ケネディはそっと片手をのばして背中を撫でます。キジ白猫はもう逃げることなく、目を細めて気持ちよさそうにしていました。

ケネディは猫を怖がらせないように、静かにゆっくりと動いていました。けっして急な動きはしません。自分から猫に近づくこともせず、猫のほうから来るまでじっと待っていました。その様子からは、彼女が猫という動物をよく理解し、尊重していることがうかがえました。猫たちのほうも「この子なら大丈夫」と心を開いたようです。

猫は非常に音に敏感ですが、穏やかな人の声は耳に心地よく響き、安心感を与えます。読み聞かせの時間は約二〇分でしたが、初対面の子どもと猫との距離が短時間のうちにこれほど縮まったことに驚きました。

このプログラムに参加して三年になるというケネディは、こう話していました。

「本は好きなんだけど、声を出して読むのは苦手だったの。でも、いまは教室でみんなの前で読むのが少し楽になったかな」

そして、「猫たちが人に慣れるお手伝いができて、私も大好きな猫にさわれる」と笑顔を見

シェルターで保護猫に絵本を読むケネディ

せました。

この日シェルターには六〇匹ほどの猫がいましたが、私はケネディがFelv陽性の猫たちの部屋を選んだことに感銘を受けました。現在ではFelvに感染していても、適切な健康管理により発症を遅らせることができるとわかっています。それでも、健康な猫たちに比べれば寿命は短く、発症した場合はさまざまな医療的ケアが必要になるため、おそらく引き取られるチャンスはあまり高くない猫たちでしょう。そんな猫たちのために自分ができることをしたい。ケネディのなかには、弱いものをいたわる気持ちが根づいていると感じました。

子どもたちには慈しみの心が育まれ、読書力も向上する。猫たちの社会化も進み、譲渡されるチャンスが高まる。まさにウィン・ウィンであるこのようなプログラムには、大きな可能性があります。

第2章
困難を抱える子どもを支える

グリーン・チムニーズで，カモのヒナを持つ男の子

1　自然の中での癒しと学び

先駆者、グリーン・チムニーズ

アメリカのニューヨーク州には七五年の長きにわたり、動物や自然を介在してさまざまな困難を抱えた子どもたちを癒す取り組みをおこなってきた非営利団体があります。動物介在介入の先駆者として世界的に有名な「グリーン・チムニーズ」です。

グリーン・チムニーズの設立は一九四七年。農場をベースとした寄宿学校として始まりました。創設者は、当時まだ一九歳の青年だったサミュエル・ロス博士です。幼いころから自然や動物、寄宿学校に親しんで育ったロス博士は、子どもたちが農場で自分の体を動かして働き、自然とふれあって暮らせるような寄宿学校をつくりたいと考えたのでした。

開設当初は一一人の生徒と数頭の動物だけでスタートした小さな学校は、現在ではニューヨーク州のブルースターとカーメルの二か所にキャンパスを持ち、二〇〇人以上の生徒を受け入れて教育と治療をおこなう大規模な施設となりました。森や池や湖を含む総面積三五〇エーカいます。
ー（約一四二万平方メートル）の広大な敷地には、三〇〇を超えるさまざまな動物たちが暮らしています。

グリーン・チムニーズに来るのは特別な支援を必要とし、一般の学校で学ぶのはむずかしかった子どもたち（主に日本の幼稚園年長組から高校三年生まで）です。自閉症スペクトラムやADHDなどの発達障害がある子どもたちもいれば、情緒面での障害やPTSDを抱える子どもたちもいます。グリーン・チムニーズには特別支援校と全寮制の治療施設があり、昼間だけ通ってくる子どもたちと、寮に入って二四時間体制で教育と治療を受ける寄宿生たちがいますが、学校ではみないっしょに机を並べます。

グリーン・チムニーズの最大の特徴は動物や植物とかかわるネイチャーベースのプログラムが充実していることですが、それだけではありません。特別支援教育を専門とする教師、ソーシャルワーカー、心理士、医師、看護師、言語聴覚士、作業療法士などの専門性の高いスタッフが連携し、それぞれの子どもに合ったプランを組んで教育と治療をおこなっています。動物や植物を介在したプログラムはこれらの教育や治療をサポートするものとして位置づけられ、強制ではありませんが、多くの子どもたちが何らかの形で参加しています。

動物や自然の力を借りて

グリーン・チムニーズでは、学校でも、寮でも、キャンパスの至るところで動物や自然とふれあう機会があり、子どもたちはそれぞれの希望に従って、自分が心惹《ひ》かれた動物とより深くかかわることができます。ラマであれ、ロバであれ、子どもたちがある特定の動物と絆を結び、その動物をケアしたいという気持ちを抱くことは、他者ともかかわりを持つきっかけとなります。周囲の大人に助けを求めたり、仲間と協力できるようになるなど、動物がその子と他の人々の橋渡し役となってくれるのです。

グリーン・チムニーズで動物や自然を介在したプログラム全体を統括する教育部長を務めるのは、日本人の木下美也子さんです。障害者乗馬や馬を介した動物介在活動の専門家でもあります。子どもたちは馬に乗るだけでなく、馬について学び、馬の世話をすることで、自分たちよりはるかに大きな動物である馬との関係性を築いていきます。

また、グリーン・チムニーズは傷ついた野生動物の治療とリハビリをおこなう施設として当局の認可を受けており、ブルースターのキャンパスの奥には立派な野生動物保護センターがあります。ここで主に保護されているのは交通事故などで負傷して持ち込まれたタカやワシ、フクロウなどの猛禽類《もうきんるい》で、子どもたちも動物たちの餌の準備をしたり、治療にあたる獣医師の手伝いをしたりするなどの役割を担います。

ブルースターのキャンパスのすぐそばにはボニー・ベルと呼ばれるオーガニックの畑があり、そこでの本格的な農作業に参加することもできます。収穫物はグリーン・チムニーズが運営するカントリーストアというお店や道路脇の露店で販売されますが、そこで働くことも子どもたちにとっては職業実習になります。

特筆しておきたいのは、グリーン・チムニーズの環境のすばらしさです。緑あふれる庭や畑、さらには豊かな森や湖、池など、そこにいるだけで心癒されるような風景があり、子どもたちを包み込んでいます。これはグリーン・チムニーズのネイチャーベースのプログラムの柱となる哲学の一つ、「ミリュー・セラピー」に基づいています。

「ミリュー」とは聞き慣れない言葉ですが、フランス語のMilieuから派生したもので、真ん中、中間、中央、環境、境遇、社会というような意味があります。単に「環境」というと、地球環境などの大きな外部空間のことを指すイメージがありますが、ミリューは人間を中心として、人間を取り巻く環境や風土という意味でとらえられるようです。

元東京農業大学農学部教授の浅野房世さんは、精神科医の高江洲義英氏との共著『生きられる癒しの風景――園芸療法からミリューセラピーへ』の中で、「対象者の心を開き、生きる姿勢を鼓舞し、内発的リハビリテーションに結びつけるために、森を歩き、小川を渡り、草地を歩き、野の花を摘み、一粒の種を得て、庭や畑を耕し、蒔き、育てることは、すべて植物介在療法であり、ミリューセラピーである」と述べています。

グリーン・チムニーズでおこなわれていることは、まさにミリューセラピーといっていいでしょう。日本でも困難を抱える子どもや若者が動物たちの世話をしたり、保護犬の訓練をしたりする活動が始まっていますが、それが「生きられる癒しの風景」の中でおこなわれれば、その効果はさらに高まるだろうと考えられます。自然界のリズムを体で感じとり、自分は自然界という大きなものの一員で、この地球に居場所がある。そのような感覚を得られることによって、子どもたちはより力強く成長していけるのではないでしょうか。

慈しむ心を見出す

私は二〇〇四年にグリーン・チムニーズのキャンパスにしばらく滞在し、その取り組みを間近で取材する機会に恵まれました。そのなかで、とくに心に残った子どもと動物のかかわりをいくつかご紹介しましょう。

忙しい母親からかえりみられず、放任状態で育った少女ケイラ。彼女は公立学校の特別支援教育のクラスにいましたが、思い通りにならないと癇癪《かんしゃく》を起こして暴れるなどしたため、八歳のときグリーン・チムニーズに来ました。その後、動物好きのケイラは農場の動物たちを熱心に世話し、やがて農場のスタッフから信頼され、一人で羊のお産の介助もできるほどになりました。

ケイラのいちばんのお気に入りは、ヤギたちでした。近づくと逃げてしまう動物とちがって、ヤギは服を引っぱったり、靴ひもをくわえたり、うるさいくらいに寄ってきます。でも、ケイラにはそれが嬉しくてしかたなかったのです。「ヤギたちに囲まれていると、自分は受け入れられている、愛されている、って思えた」とケイラ。母親にはかまってもらえず、家でも学校でも問題児と言われ、なぜもっといい子になれないのかと批判され続けてきた彼女にとって、無条件で受け入れてくれる動物たちはどれほど安心できる存在だったかと思います。

「悲しいことがあると、農場に来て動物たちになぐさめてもらうの」と話していたケイラは、その後動物たちを助ける仕事がしたいと一念発起。獣医師をめざし、六年間過ごしたグリーン・チムニーズを卒業していきました。

また、みんなからどうしようもない乱暴者だと思われていたある少年。彼は気に入らないことがあると、地団駄《じだんだ》を踏んだり、農場の道具を地面にたたきつけたりしていました。そんな彼がある日、車と衝突して死んだらしいスズメの亡骸を見つけ、「お葬式をしてあげたい」と言い出しました。そして、子どもたちみんなで輪になってお祈りをするとき、死んだスズメに向かってこんなふうに語りかけたのです。

「おまえはきっと、家族を養うために、食べ物を探して飛んでいるうちに車にはねられたんだね。でも、天国では安全だよ。もう何も心配いらないよ。神様、どうかこの小鳥の面倒を見てやってください……」

彼は母親が養育を放棄したために、里親家庭を転々として育った子どもでした。

グリーン・チムニーズ滞在中は、このようなエピソードをいくつも目の当たりにしました。表向きは問題児のレッテルを貼られた子であっても、動物たちは、子どもたちの一番やさしい部分を引き出してくれると強く実感しました。

自然を介したメタファー

もう一つ、グリーン・チムニーズならではの特別な儀式があります。野生動物保護センターで傷ついた鳥の治療とリハビリを終え、また野生に返すとき、ここでは子どもたちの手で鳥を放たせるのです。それには、本来属する場所に帰っていく鳥と、子どもたち自身のグリーン・

チムニーズからの旅立ちを重ね合わせるメタファーとしての意味合いがあります。

野生動物保護センターで働いていた少年カールトンは、二年間暮らしたグリーン・チムニーズを出てもうすぐ家に帰るというとき、自分がリハビリの手伝いをしたタカを自らの手で野生に戻す経験をしました。森に面した広場の真ん中に立ち、両手でしっかりタカの体を支えるカールトン。傍らにはリハビリをおこなった野生動物保護の専門家と獣医師が立ち、それぞれの手をカールトンの手に重ねます。そして、「一、二、三」の合図とともに、彼はいきおいよくタカを空中に放り出しました。ぐんぐん空に向かって上昇し、あっというまの速さで飛び去っていくタカの力強い姿を、カールトンがじっと無言で見つめていたのを思い出します。

誰も「もうすぐあなたも家に帰るよね。がんばってね」などとは言いませんでした。でも、このシンボリックな儀式に込められたメッセージは、たしかにカールトンの心に届いたのではないかと思います。

すべての生き物と環境を大切に

二〇〇四年以降も何度か訪問する機会がありましたが、そのたびにグリーン・チムニーズの発展に目を見張ると同時に、その理念は現代においてますます重要性を増していると感じます。

これまで書いてきたとおり、グリーン・チムニーズがすばらしいのは、子どもたちが豊かな自然環境の中で自分の体を動かして植物を育てたり、動物たちの世話をしたりしながら、生き物の成長や季節の変化を肌で感じる、つまり、自然界の一員としての役割を果たす体験を積みながら成長していけることです。そこには個々の「アニマルセラピー」の枠を超え、自らが生きる大地との結びつきを感じさせる大きな広がりがあります。人間だけでなく、すべての生き物にとっての家である地球の環境を、「ケアする」という意識を育む――グリーン・チムニーズでおこなっているような教育は、人間の活動が地球に危機をもたらしている現在の方向性を変えることにもつながると思います。

グリーン・チムニーズは七五年かけて、今日のような大きな組織に発展してきました。これほどの規模のプログラムはそう簡単につくれるものではありませんが、グリーン・チムニーズのようなコンセプトを取り入れたプログラムづくりは、実際、すでにあちこちでおこなわれています。

動物福祉と児童福祉に貢献する「わすれな草農場」

その一つ、「わすれな草農場」(Forget Me Not Farm)は、一九九二年にカリフォルニア州のソノマ郡サンタローザで始まりました。Forget Me Notは「わすれな草」という植物の名前です。当初は地域の動物福祉を担う「ヒューメイン・ソサエティ・オブ・ソノマ・カウンティ」(以下、HSSC)という動物愛護団体の一つのプログラムとしてスタートし、二〇〇八年にForget Me Not Farm Children's Servicesという非営利団体になっています。わすれな草農場は、グリーン・チムニーズよりずっと規模が小さく、全寮制の治療施設もない通所型のプログラムです。HSSCのアニマルシェルターの裏のスペースでこじんまりとおこなわれていて、日本でも取り入れられそうなプログラムだと思います。

わすれな草農場の創始者は、HSSCのシェルターのマネジャーだったキャロル・ラスマン。彼女が最初この活動を始めたのは、子どもたちに動物を虐待しないよう教えるためでした。ところが、実際に始めてみると、動物を手荒く扱う子どもは多くの場合、彼ら自身が家庭で暴力にさらされていたことがわかりました。児童虐待が起きている家庭では、そこで飼われている動物も虐待されているケースが多いことはよく知られています。動物虐待の通報を受けて行ってみると、その家の子どもも虐待を受けていることが発覚した、ということもあります。児童虐待と動物虐待との関連はThe Linkと呼ばれ、近年アメリカでは児童福祉機関と動物保護機関の相互協力が進んでいます。

このようなことから、キャロルはプログラムの方向性を転換することにしました。緑にあふれた安全な場所で子どもたちの心を癒し、動物たちをケアすることで他の生き物への思いやりを育む。そんなプログラムをつくることにしたのです。

私は二〇〇〇年に初めて訪問して以来、すっかりわすれな草農場に魅せられ、その後も時間をかけて取材して本にまとめました。わすれな草農場も、気持ちのいい原っぱや花や緑のあふれる庭、畑、果樹園などが広がる心安らぐ風景の中にあります。農場では馬、牛、羊、ヤギ、ロバ、ラマ、アルパカ、ブタ、ニワトリ、アヒルなど六〇ほどの動物たちが暮らしていますが、そのほとんどは飼い主が飼えなくなって持ち込まれたり、遺棄されたり、虐待やネグレクトを受けていたところを助け出された動物たちです。二〇一七年にこの地域に甚大な被害をもたらした山火事で家を失った動物もいれば、コロナ禍で飼い主が他の国に移住したために、ここに引き取られることになった動物もいます。わすれな草農場は、自分たちではどうすることもできない動物たちのためのサンクチュアリ(安全な場所)としても重要な役割をはたしているのです。

わすれな草農場には、二つのプログラムがあります。一つは子どもたちの心の回復をめざす農場でのプログラム、もう一つは一四歳から一八歳までの少年少女を対象とした職業訓練プログラムです。職業訓練に参加する少年少女の中には、かつて農場でのプログラムを受けていた子どもたちも多数含まれています。

わすれな草農場に来るのは虐待やネグレクトを受けたことがあり、特別な支援を必要としている子どもたちです。ソノマ郡の子どもシェルター（日本の一時保護所にあたる）や、ＤＶ被害を受けた女性とその子どもを支援するＹＷＣＡ、精神的な病を抱える子どものための治療施設など、さまざまな組織と連携して農場のプログラムをおこなっています。また、非行リスクがあったり、自閉症スペクトラムや学習障害、ＰＴＳＤなどがあって社会に適応するのがむずかしい少年少女たちに職業訓練をおこなうとともに、後で述べるように、一八歳になると独り立ちしなければならない里親家庭の少年少女などにも職業訓練プログラムを提供しています。

虐待からの回復をめざして

わすれな草農場がめざすのは、さまざまな暴力にさらされてきた子どもたちが自然の中で動物や植物の世話をすることをとおして、他者への思いやり、慈しむ心、そして絆を育み、ほんとうの意味で回復するのを助けることです。親から虐待を受け、暴力しか知らずに育った子どもが親になったとき、自分の子どもに対しても同じようなことを繰り返してしまうケースが、数は少ないものの、あることは知られていますが、わすれな草農場はそのような負のサイクルを断ち切ることをミッションに掲げています。そこで大きな力を発揮するのは動物たちの存在です。なぜなら、わすれな草農場にいるのは保護された動物ばかりだからです。大人が何も言わなくても、子どもたちは困難な状況から救い出された動物たちを自分自身と重ね合わせます。そのような動物たちをケアし、愛情をかけることは、自分自身をケアするというメタファーともなるのです。

たとえば、わすれな草農場には母羊が授乳をしないために人の手で育てなければならない子羊がときどき持ち込まれます。子どもたちは、そんな子羊たちに哺乳瓶《ほにゅうびん》でミルクをあげるのが大好きです。私が会ったとき一四歳だったアンという少女も、その一人でした。懸命に哺乳瓶に吸いつく子羊をそっと撫で、やさしく授乳していた彼女は、自身も母親に捨てられた子どもでした。アンは母親と二人の弟とともに暴力をふるう父親から逃がれ、ホームレス生活をしていましたが、彼女が六歳のとき、突然母親が姿を消してしまったのです。緊急シェルターに保護されたあと、弟たちとも離ればなれになり、里親家庭を転々としましたが、幸いなことに七歳のときに養子として迎えられ、温かい家庭を得ることができました。それでもアンの心は不安や怒りに満ちており、適切な対人関係を築くのがむずかしかったため、在籍した特別支援クラスのカリキュラムの一環として、わすれな草農場に来るようになったのでした。

わすれな草農場のプログラムを高く評価していたアンの担任の先生が、つぎのように話していたのが印象的でした。

「子どもたちは、常に自分の身の上を動物たちと重ね合わせて見ています。ここにいるのはみんな自分と同じような目にあった動物ばかり。だからこそ、その動物たちが安全な環境で守られ、たくさんの人たちに愛されているのを見ることは、アンのような子どもたちにとっては特別なことなのです」

わすれな草農場では、それぞれの動物がどのような経緯で農場に来ることになったのかを子どもたちに説明します。すると、それ以上何も言わなくても、子どもたちはごく自然に動物たちに共感を抱き、感情移入するようです。

わすれな草農場のプログラムでは、子どもたちが「動物たちのために」働くことが重視されています。もちろん美しい風景の中で動物たちとふれあうことによる癒しの効果は十分大きいのですが、何より重要なのは、子どもたちが動物たちのケアをする側に立つということです。

農場では、子どもたちはお客さんではありません。フリルがいっぱい付いたスカートをはいてきた子も、農場ではゴム長靴にはきかえ、糞尿などで汚れた動物たちの厩舎を掃除し、敷き藁《わら》を替えるのです。自分が誰かの役に立てると感じられることは、その子のセルフ・エスティームを高め、心の回復をうながしている――。子どもたちが嬉々《きき》として動物たちの世話をする姿を見るたびに、その思いを強くしました。

やさしくすることを学ぶ

わすれな草農場では、プログラムの最初に「サークル」をします。「サークル」とは、子どもたちもボランティアもスタッフも全員が輪になって立ち、農場での基本的なルールを確認するもので、とても重要なプログラムの一部です。動物たちを怖がらせないように、近くで走ったり、大声を出したりしないこと。生き物に対しても、生きていないもの(道具)に対しても、同じように敬意を払って大切に扱うこと。これらの約束ごとを、子どもたち一人一人に声に出して言ってもらいます。

小さな子どもたちには「動物にもやさしく、道具にもやさしくね」と伝えるのですが、じつは「やさしくする」というのがどういうことなのかわからない子が少なくありません。自分自身が大切に扱われたことのない子どもたちは、それが理解できないために、なかなか自分より弱い動物に安全に接することができないのです。そこで、わすれな草農場では、子どもたちにまず羊やロバ、ポニーなどの大型動物のブラッシングを教えることから始めます。大型の動物たちは子どもたちが少々手荒く扱っても、けがをする心配がないからです。

リンという女の子がいました。わすれな草農場に来るようになったのは三歳のとき。私が会ったときは四歳でした。彼女は動物、とくに小さくてかわいい動物が大好きで、子猫を抱っこしたくてたまりませんでした。でも、リンは猫の首を両手で挟んで持ち上げたり、ニワトリを手荒くつかんだりするなど動物たちを危険にさらす行動をするため、まずは「やさしくすること」を教える必要がありました。でも、これは言葉では教えることのできないものです。

そこで、ロバなど大型動物のブラッシングから始めることにし、スタッフとボランティアが常にそばで見守り、リンが乱暴なことをしそうになる前に止める。そして、彼女の手を持ち、「こうするんだよ」と実際にやってみせるようにしたのです。このレッスンを辛抱強く繰り返した結果、彼女は少しずつ「やさしくする」ことを体で覚え、私が会ったころはニワトリを抱っこさせてもらえるまでになっていました。

リンは私が話を聞いたなかでも、とりわけ過酷な状況を生き延びた子どもです。リンと姉のエリカは薬物におぼれて養育を放棄した両親のもと、目張りをして光が入らないようにしたトレーラーハウスに閉じ込められていました。両親が外出したすきに、エリカがまだ赤ん坊だっ

羊をブラッシングするリン

たリンを連れて逃げ、二人は緊急シェルターに保護されましたが、ほとんど食べ物を与えられていなかったため、骸骨のようにやせ細っていたそうです。姉妹はその後養子に迎えられ、愛情深い養父母のもとで暮らすようになりましたが、飢餓の記憶が抜けなかったリンは、おむつの中にまで食べ物をためこむ行動をやめられませんでした。私が会ったころでさえ、まだ服のポケットにいつも食べ物を詰め込んでいたほどです。

リンのような子どもにとって、安全であること、安心できるということがどれほど大きな意味を持つか想像に難くありません。そして、そんな子どもが動物たちに餌を与え、世話をするということの意味も。

あるときわすれな草農場を見学に来た人が「農場の仕事の中で、いちばん好きなことは何？」とリンに聞いたことがあります。リンは迷うことなく「動物たちに餌をあげること。だって最高に気分がいいんだもん」と答えました。

まだ幼いながらに、将来は子どもか動物のお医者さんになりたい、とも語っていたリン。彼女のようにおよそ慈しみというものと無縁だった子どもが、動物たちとのかかわりをとおして自分の中にある慈しみの気持ちを見出し、他者を思いやる心を育めることに希望を感じます。

ボランティアの大きな役割

わすれな草農場の活動においてきわめて重要な役割を担うのは、ボランティアの人々です。農場のプログラムでも職業訓練プログラムでも、子どもたちと一対一のペアとなって作業をするボランティアは、わすれな草農場の活動を支える、まさに屋台骨のような存在と言えるでしょう。ボランティアは単に子どもたちとともに働くだけではなく、大人に傷つけられた子どもたちと信頼関係を築き、彼らのロールモデルになることを期待されているため、適性とやる気が重視されます。

子どもたちには安定した長続きする関係が必要なので、少なくとも六か月、できれば一年以上かかわれることが条件です。また子どもたちに接する前には、最低四〇時間の研修を受けることが求められます。子どもの虐待やネグレクト、DVなどについての基礎知識、特別な支援を必要とする子どもへの接し方、異なる文化や宗教、民族的背景を持つ子どもへの配慮、子どもたちの個人情報の守秘義務、農場の動物たちの適切な世話の仕方など、ボランティアが学ばなければならないことは数多く、多岐にわたります。子どもたちの身体的・心理的な安全を守ることはボランティアのもっとも重要な責務なのです。

ボランティアは退職した教師、カウンセラー、会社員、学生、子育てが一段落した主婦などさまざまです。長く続ける人も多く、ボランティアどうしにも温かな人間関係が築かれています。

わすれな草農場では、プログラムの終わりにもまた「サークル」をし、参加者全員が一人ずつ、「今日、自分にとって一番楽しかったこと」を述べます。「畑のイチゴを摘んで食べたのがおいしかった」とか「子羊のベラにミルクをあげたこと」など、子どもたちからはいろんなコメントが出ますが、ボランティアはその日子どもたちといっしょにしたどんな作業が楽しかったか、子どもたちのどんな行動に感心したか、子どもたちへのほめ言葉を述べます。たとえば、「ターニャががんばってブラッシングしてくれたので、ロバのカルメンはずいぶん毛が抜けて涼しくなったと思うわ。私もほんとうに楽しかった。ありがとう、ターニャ」というふうに。ボランティアは「よくできたね」とか「上手だった」というような評価を表す言葉ではなく、子どもたちを認め、感謝する言葉を使うよう心がけています。

動物を介した職業訓練

わすれな草農場では、「メンターリングプログラム」と呼ばれる職業訓練を実施していますが、こちらでもボランティアが大活躍します。メンターとは、導いてくれる人とか信頼できる相談相手、といったような意味。メンターとなる大人のボランティアと一四歳から一八歳までの少年少女がペアになり、ともにアニマルシェルターや農場での仕事に取り組みます。二〇〇六年にこのプログラムを始めた当初は、わすれな草農場に来ていた子どもたちだけが対象でしたが、二〇一六年からは対象を拡大。リスクを抱え、メンターを必要とする子どもなら誰でも参加できるようになりました。

里親家庭やグループホームで暮らしていた子どもたちは、アメリカでも基本的には一八歳になったら独り立ちすることになっていますが、虐待やネグレクトを経験し、トラウマを抱えた彼らがすぐに自立したり、働いたりするのは容易なことではありません。そこで、メンターという頼りになるサポーターとともに、先に紹介したヒューメイン・ソサエティやわすれな草農場で働き、時間を守る、段取りをする、指示に従うなど、社会で必要とされる初歩的な職業スキルを身につけるのです。さらに進んで、トリマー、ドッグトレーナー、動物看護助手などをめざしたり、農場で働き、園芸や農場動物のケアを学ぶこともできます。

ヒューメイン・ソサエティには、犬、猫、ウサギなどの引き取り手探し、犬の訓練やトリミング、動物病院、犬舎・猫舎の管理、ショップ、農場などいくつもの部門があります。参加する少年少女は動物福祉やシェルターの仕事に関する基礎的な研修を受けたあと、注意深くマッチングされたメンターとペアを組み、本人の適性とニーズに合った仕事を始めます。先に出てきた少女アンは、子猫の授乳ボランティアのサポートをする部門で働きました。

国民の半数以上がペットと暮らしているアメリカでは、ペットホテル、ペットショップ、トリミングサロン、犬のしつけ教室など動物関連の業種がたくさんあり、需要も多いので、この分野での職業訓練は就労に結びつく可能性の高い、大変有望なものです。

このメンターリングプログラムには、もう一つの大きな目的があります。それは、大人から傷つけられたり、利用されたりしない健全な人間関係をメンターとの間に築くことです。大人からの暴力にさらされてきた子どもたちにとって、特定の大人と安全で安心できる信頼関係を築くことがどれほど大きな意味を持つか、想像に難くありません。メンターの多くはプログラムが終了したあともその子と交流を保ち、よき相談相手となるようです。

2　司法の場で子どもを支える

裁判所に犬が来る

アメリカには、司法の世界で人を助けてくれる「コートハウス・ファシリティドッグ」と呼ばれる犬たちがいます（コートハウスは裁判所、ファシリティは施設という意味）。その役割は、犯罪被害者（主に子ども）が、事件について聞き取りをされる司法面接を受けるときや、裁判所で証言する際などに、そばに寄り添って不安をしずめ、精神的にサポートすること。また、離婚調停などをおこなう家庭裁判所、ドラッグコート（薬物にかかわる犯罪をした人に刑務所に行く代わりに治療を義務づけ、そのプロセスを監督・支援する仕組み）などの場でも参加者の心情が安定するよう助ける役割を担います。

ちなみに、Courthouse Dogsという名称は、考案したコートハウスドッグス・ファウンデーション（Courthouse Dogs® Foundation）という団体がアメリカでの商標権を持っており、日本語の「コートハウスドッグ」はあとで紹介するＮＰＯ法人子ども支援センターつなっぐが商標権を得ています。

犬たちはどれも実績のある団体での高度な訓練を修了しており、司法面接担当者、検察官、警察官など司法関係者のハンドラーとペアになって活動します。チームとして認められるためには、犬だけでなく、ハンドラーも訓練を受け、介助犬認定団体のテストを受けてパスしなければなりません。

私が見学させてもらったワシントン州キツァップ郡裁判所のドラッグコートでは、ケヴィ

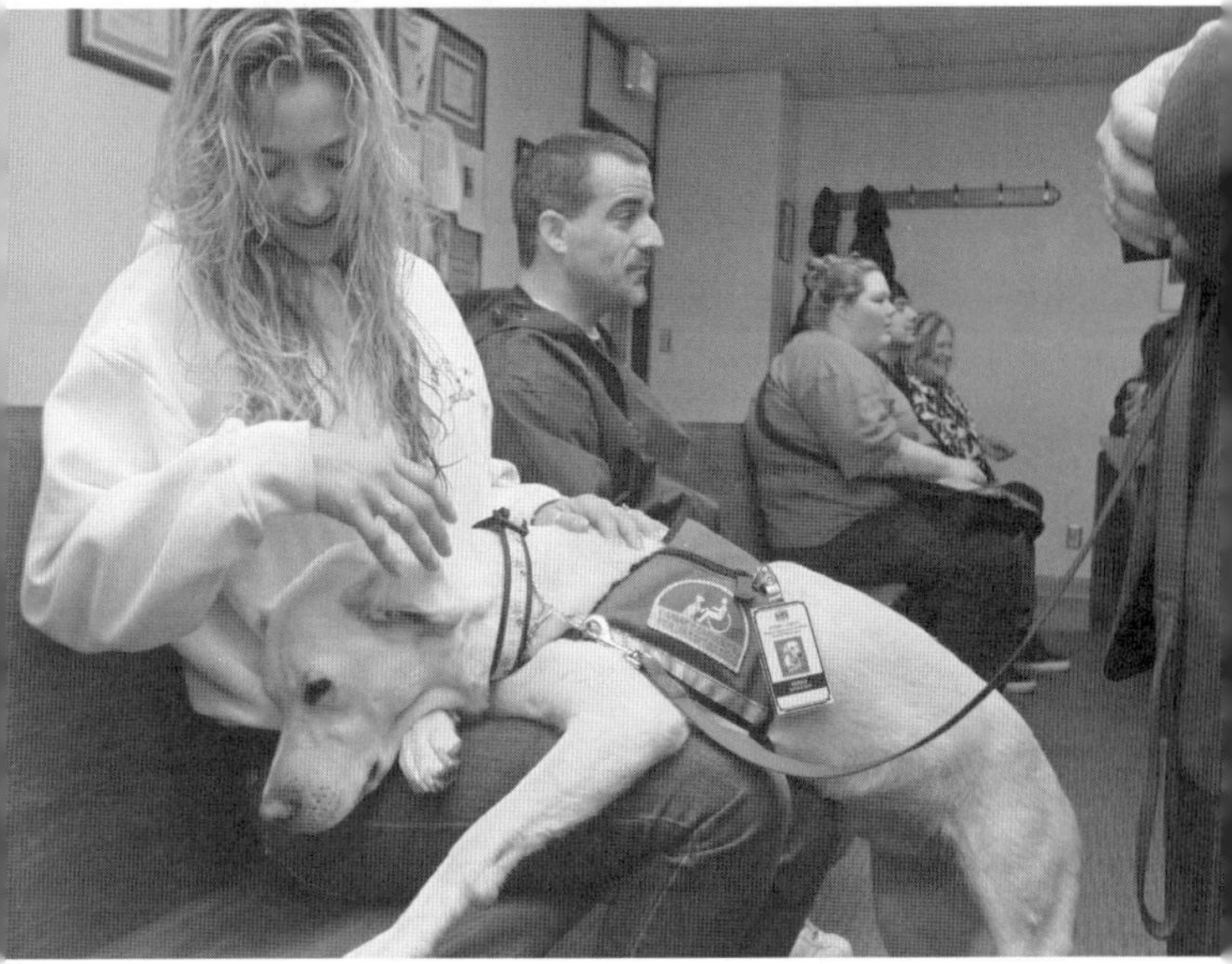

ドラッグコートでのコートハウス・ファシリティドッグ

ン・ケリー検察官とケリスというイエローのラブラドール・レトリーバーのペアが活動していました。ケリー検察官が人々の座っている座席の近くにケリスを連れていくと、それまで不安そうにうつむいていた人がぱっと笑顔になったり、不機嫌そうな顔をしていた人が嬉しそうにケリスを撫でたりしています。犬がいることで、明らかに場の緊張が緩み、和やかになるのが感じられました。

ドラッグコートの判事は、つぎのように語りました。

「最初私のコートに犬が来ると聞いたときは、ほんとうにセラピー効果があるのかしら、と半信半疑だったんです。それが、犬が来たとたん参加者が皆リラックスするのをこの目で見て、効果があると確信しました。通常のドラッグコートでは、騒いだり叫んだりするような人もいるのですが、犬がいるときはいっさいありません。とてもよく訓練された穏やかな犬なので、怖がる人も見たことがありません」

コートハウス・ファシリティドッグを考案したのは、シアトルの検察官だったエレン・オニール・スティーブンス。二〇〇三年に彼女が担当したあるケースでは、父親から性的虐待を受けた八歳の双子の姉妹の証言を得る必要がありました。トラウマを抱え、強い恐怖と不安を感じているこの子たちに語ってもらうにはどうすればいいか。じつはエレンの息子には障害があり、ジーターという介助犬と暮らしていました。そこで、ジーターを連れてきたところ、それまでいっさい口を閉ざしていた二人が「犬がそばにいてくれるなら」と証言することに同意したのだそうです。

広がるコートハウス・ファシリティドッグ

犬は、子どもで犯罪被害者という、司法の場でもっとも弱い立場にある人たちを支えることができる。それを目の当たりにした彼女は、セレステ・ウォルセン獣医師とともに、その後も犬の力を借りる実践を重ねました。そして、二〇一二年、「コートハウスドッグス・ファウンデーション」を設立。司法の場に犬を介在させるメリットについて、司法関係者だけでなく広く一般に向けて啓蒙活動をおこなうとともに、導入を考えている司法機関や民間団体へのガイダンスや助言もおこなっています。現在コートハウス・ファシリティドッグの活動は、アメリカだけでなく、カナダ、チリ、オーストラリア、ヨーロッパ各国、そして日本にも広がっています(後で詳述)。

これらの犬たちはボランティアの飼い主とともに活動するセラピー犬とちがい、司法関係者がハンドラーになることが特徴です。前に書いたワシントン州キツァップ郡の場合、コートハウス・ファシリティドッグを導入することが決まったあと、まずはハンドラーを募集したところ、主任検察官や判事も含め、五人以上が手をあげたそうです。その後、介助犬育成団体に希望を出し、犬が来るまで二年待ちました。裁判所の同意を得、ハンドラーを決め、高度に訓練を受けた犬の提供を受けるのに、それだけの時間をかけて慎重に導入されたわけです。もちろんケリー検察官も、ハンドラーになるための訓練を受けました。

アメリカでも、すべての人が犬好きというわけではありません。アレルギーのある人もいれば、犬が怖いという人たちもいますから、犬の衛生管理を徹底し、犬が苦手な人たちにも十分に配慮する必要があります。また、アメリカの裁判は陪審員制なので、いたいけな子どもの被害者とそばに寄り添う犬を目のあたりにすると、陪審員が同情をそそられ、被告にとって不利になるのではないかとの批判もあります。これに対しては、犬は陪審員がいないときに入退場し、裁判中も証人席の床に伏せて陪審員からは見えないようにする、あるいは、検察側・被告側の証人どちらも犬の付き添いを受けられるようにするなどの解決策が提案されています。

コートハウス・ファシリティドッグは徐々に受け入れられるようになり、二〇二二年八月の時点で、アメリカの四一の州で二九五頭の犬が活躍しています。司法手続きの中でファシリティドッグを使ってもいい、あるいは裁判で証言する際に付き添ってもいいと法律で定めている州もあります。すでに上院では司法省にそのガイドラインを策定するよう求める法案が通過しており、下院にもその法案が提出されていることから、アメリカの裁判所に犬がいるのがあたりまえの光景になる日は、そう遠くないかもしれません。

子どもに寄り添う付添犬

日本でも、アメリカのコートハウス・ファシリティドッグをモデルにつくった活動がすでに始まっています。「付添犬」と呼ばれ、虐待や性被害を受けた子どもが、安心して自分の受けた被害について、司法関係者や医療従事者などに伝えられるよう手助けするものです。子どもが事情聴取などの過程でさらなるトラウマを受けることがないよう、子どもに寄り添って精神的にサポートします。二〇二〇年七月には、関東の地方裁判所で被害者の子どもが刑事裁判の公判で証言する際、初めて付添犬の同伴が認められました。

国内で始まったきっかけは、あいち小児保健医療総合センターで「アニマルセラピー」を導入したところ、それまで口を閉ざしていた子どもが虐待を受けていたことを話せたり、表情が明るくなったりするなどのポジティブな変化が見られたことでした。「アニマルセラピー」を実施した児童精神科医の新井康祥医師と吉田尚子獣医師は、家庭裁判所での面接の際にも犬がそばにいれば、子どもの精神的負担が軽減されるのではないかと考え、家裁調査官を説得。二〇一四年二月、日本で初めて家裁調査官による面接の前後に、公益社団法人日本動物病院協会（JAHA）のセラピー犬が導入され、子どもに寄り添いました。

その後、他の児童精神科医や介在動物学の研究者も加わり、二〇一四年一〇月にアメリカでおこなわれたコートハウスドッグス・ファウンデーションのカンファレンスに参加。それ以降、密に連携しながら、同団体が定める基準をクリアし、なおかつ日本の司法制度にも適応可能な体制づくりを模索してきたところに、子どもの被害者支援に取り組む飛田桂弁護士も加わり、二〇一九年に神奈川子ども支援センターつなっぐ（現、NPO法人子ども支援センターつなっぐ。以下、つなっぐ）が設立されました。

つなっぐは子どもの虐待や性被害が疑われたとき、警察、検察、裁判所、児童養護施設、医療機関などの関係諸機関と連携して子どもをサポートする、日本にはまだ数少ないワンストップセンターです。つなっぐはJAHA、社会福祉法人日本介助犬協会と提携し、高い基準を満たした犬とハンドラーを確保しています。付添犬になるのは、健康で清潔、穏やかで、どこでも落ち着いていられる、そして何よりも、人が大好きで、人に寄り添える犬たちです。ハンドラーは犬の状態をよく見極めて的確にサポートできるだけでなく、子どもと適切な距離を保ち、心理的な安全を保てる人が慎重に選ばれます。さらに、ハンドラーは司法・医療・福祉に関する専門的な研修を受け、司法手続きの中で虐待を受けた子どもを支援するために必要な知識も身につけています。

付添犬とハンドラーの認証はつなっぐ内に設置された付添犬認証委員会(児童精神科医を含む医師三名、獣医師、弁護士、介在動物学の研究者、介助犬訓練士から成る)がおこない、被害を受けた子どもの弁護士などからの依頼を受け、依頼内容やニーズに合う付添犬とハンドラーを派遣しています。二〇一四年以降、東海地方と関東地方で八五件の派遣がおこなわれてきました(二〇二二年一二月現在)。

虐待を話す苦痛を減らすために

では、付添犬はどのような仕事をするのでしょうか。被害を受けた子どもが検察官などからの聞き取りを受ける前に、まずは子どもとふれあいます。つなっぐの代表理事を務める飛田弁護士によると、犬が部屋に入ってくるだけで空気が変わり、子どもと犬の間には一瞬にして信頼関係が生まれるとのこと。ただ黙って犬を撫でる子どもと、撫でられるままに全身を委ねる犬。「人間にはとてもできない」と感じるそうです。

つなつぐのホームページには、子どもが聞き取りを受けている場面を再現したビデオが掲載されています。それを見ると、小型犬は子どもの膝の上に置いた犬用クッションに座ります。大型犬の場合は足元に横たわりますが、子どもにさらに安心感を与えるため、膝にゴールデン・レトリーバーのぬいぐるみをのせます。リードは二本用意。ハンドラーのほかに子どももリードを持ち、犬との一体感を感じられるように工夫しています。また、ハンドラーは聴取の内容が聞こえないよう、イヤホンをして音楽を聴くなどの配慮をします。これは子どものプライバシーを保護するためだけでなく、ハンドラーの心の負担を軽減するためでもあります。

自分が受けた虐待について、他人、それも見知らぬ大人に話す苦痛はどれほどのものでしょう。一対一の面接で話すだけでも大変なことなのに、裁判所に行き、法廷で証言するとなると、その苦痛は想像を絶します。子どもの負担を減らすため、子どものいる別室と法廷をビデオリンクで結び、テレビモニター越しに裁判をおこなう方式が取られることもあるようですが、モニターの向こうには加害者がいますし、裁判官や検察官、相手の弁護人からの「どんな虐待を受けていたのか」という尋問に答えなければなりません。

二〇二〇年七月、日本で初めて法廷に付添犬が入ったときは、一〇代の少女がビデオリンク方式による証人尋問を受けました。少女には被害によるＰＴＳＤの症状があり、極度の緊張で、当日証言ができるかどうか危ぶまれていましたが、付添犬の同伴が認められたことで、出廷を決意。付き添ったのはハッシュというゴールデン・レトリーバーでした。証言する間、ハッシュは少女の足元でグーグー寝息を立てて眠っていたそうです。夢の中で走っているのか、ときおり前足で地面をかくような仕草をするハッシュ。そののんきな姿を見るたびにふっと緊張が緩み、少女は約一時間にも及ぶ厳しい尋問を乗り切ることができました。

犬は人の感情を敏感に察することができますが、そこがどんな場所かということまではわかりません。裁判所にいながらも、あたかも自宅のリビングにいるかのようにリラックスしているハッシュの姿が、どれほど少女にとって救いになったか想像に難くありません。証人尋問が終わったあと、「おかげで緊張が和らいで、だいぶ話がしやすくなった」と少女は話し、ハッシュに「お疲れさま、ありがとう」と声をかけたそうです。

その後、少女はしばらくの間ハッシュとふれあいました。このふれあいの時間がとても大切だと飛田弁護士は言います。

「ワンちゃんとふれあうことで、緊張状態を緩め、気持ちを切り替えることができます。そして、話したこと以上にワンちゃんのことが記憶に残るんです。あのときハッシュ、かわいかったなあ、とか。嫌な話をしたことによる二次被害を減らすことができます」

ハッシュは日本介助犬協会で育成され、当初は介助犬となるための訓練を受けていましたが、その後キャリアチェンジして付添犬になった犬です（第4章参照）。じつは裁判所に入ることを認められた日本の付添犬第一号は、ゴールデン・レトリーバーのフランとハンドラーの田野裕子さんでした。田野さんとフランはＪＡＨＡのＣＡＰＰ活動でも活躍していて、私も何度か現場でお会いしたことがありました。ところが、フランは二〇二〇年七月の裁判の前に体調を崩してしまったため、ハッシュにバトンタッチすることになります。フランの体調は、無理をすれば付き添いは不可能ではなかったそうですが、担当する吉田尚子獣医師がフランの負担を考え、交代を指示。けっして犬に無理はさせず、大切にする。そのことは「あなたのことも大切にするよ」という少女へのメッセージにもなったのではないか、と飛田弁護士は話していました。

このほかにも、付添犬のサポートを受けた何人かの子どもたちのコメントを紹介したいと思います。

「本番はやっぱり緊張しましたが、リードを持つといっしょに歩いてくれて、証言をする部屋から休憩室の移動も、お散歩のような感覚で、少し気持ち穏やかになりました」

「ワンちゃんの存在で、いい意味で現実味が薄れてくれたのだと思ってます！　とてもよい

付添犬第 1 号のフラン(右)とハッシュ(写真提供：NPO 法人子ども支援センターつなっぐ)

環境のもと支えてくださり、感謝しかありません！」

「何時間も経った〔かかった　著者注〕にもかかわらず、隣にいてくれて安心感がありました」

また、犬の負担になったら不安だけど、付添犬のことが全国に伝われば、裁判後に事件を引きずる子が減るのではないか、と言った子どももいたそうです。

日本介助犬協会とＪＡＨＡの協力により、付添犬の数は徐々に増え、二〇二三年一月現在、国内で九頭の付添犬が活動しています。課題は育成などに多額の費用がかかること、また、付添犬の同伴を認めるどうかは各裁判所の判断に委ねられており、必ずしも受け入れられるかどうかわからないこと。つなっぐでは、より多くの子どもたちが付添犬を利用できるようになるように、財源の確保や付添犬の制度化をめざしています。

付添犬の活動の大きな特徴は、司法、医療、児童福祉、獣医療、動物介在団体など異分野の人たちが多数かかわる「多職種連携」です。もちろんすべての子どもが犬好きというわけではありませんから、付添犬は子どもを支えるさまざまな試みの一つに過ぎませんが、子どもの苦しみを少しでも軽くしたいという思いを共有する人たちが、犬を介して協働することで、日本の司法の現場が変わるかもしれません。

3　生きづらさを抱える若者の自立支援

人と動物双方の福祉をめざすキドックス

茨城県にある認定NPO法人キドックスは、不登校や引きこもりの若者たちの自立支援と保護犬の譲渡促進を組み合わせるというユニークなプログラムを二〇一三年からおこなっています。主に茨城県の動物指導センター（犬や猫の保護や収容をおこなう行政施設）から引き出した犬たちの世話や基本的なトレーニングを若者たちに担ってもらい、その過程で若者自身の成長を促していくというものです。

キドックスに来るのは、発達障害や、診断はされていないものの発達障害の傾向がある、学校でのいじめや職場での対人関係の問題、家庭でのネグレクトや虐待、性暴力など、さまざまな困難と生きづらさを抱えた一〇代から三〇代まで（主に二〇代）の若者です。

キドックスでは、保護犬のケアをとおした自立支援プログラムを軸に、一般就労をする前に社会に慣れる準備として自分の心身の調子と相談しながら働ける就労継続支援B型（有給）、キドックスと雇用契約を交わし、スタッフとして働く就労継続支援A型（有給）という障害者総合支援法に基づくサービス、福祉の対象にはならないその他の子どもと若者向けの自立支援サービスを提供しています。これまでに六〇人以上の若者を受け入れてきましたが、そのうち約半数が進学や復学、何らかの形で就労したりするなどして卒業。なかには手紙や支援物資を送ってくれたり、クラウドファンディングで寄付をしてくれたりする人もいるそうです。

また、犬については、これまで六〇頭以上の保護犬を受け入れてきました。元野犬など人に慣れていない犬も多いのですが、若者たちがじっくり時間をかけて向き合った結果、ほとんどの犬が新たな家庭に迎えられています。

キドックスのスタッフの顔ぶれを見ると、代表理事の上山琴美さんが社会福祉士でキャリアコンサルタント、事務局長の岡本達也さんも社会福祉士、現場プログラムを統括する村本知恵里さんはジャパンケネルクラブ公認訓練士で産業カウンセラー、そして二〇二〇年に事務局に加わった國岡華奈さんは精神保健福祉士と、全員が人の福祉に関する高い専門性を持っています。また、プロのドッグトレーナーの里見潤さんが犬たちの適性テストや若者たちのトレーニングを指導し、保護犬にかかわるケアの質を担保しています。私の知るかぎり、盲導犬や介助犬などの補助犬を育成する団体は別として、これほど人と動物双方の福祉に同等の力を注いでいる団体は日本にはないのではないかと思います。

キドックスを立ち上げた代表の上山さんは、どうしてこのような活動を創りたかったのか。上山さんは小学一年生のとき、転校した先のクラスで一人無視されるといういじめを受けたことがあり、その経験から、「声を出せずに悩んでいる当事者」に共感を抱くようになったそうです。また、読書をとおして動物の殺処分などの状況を知り、声を出せないでいるのは人だけでなく動物も同じだと感じるようになりました。

さらに、中学の友人が非行に走るのを目の当たりにして、非行は声を発することができない人の心の声の表れではないかと考えるようになり、やがて人と動物双方の声を代弁し、双方がともに幸せになれるような活動を志向するようになりました。しかし日本にはまだそのような活動をしている団体が見当たらなかったことから、長年アメリカ・オレゴン州の少年刑務所で活動している「プロジェクト・プーチ」を訪ね、そのプログラムをお手本にキドックスを立ち上げたのでした。二〇一一年ごろキドックスの活動を始めたとき、上山さんはまだ二五歳。若い人たちが、自ら社会問題の解決に取り組むイノベイティブなプログラムを創り出しています。

犬のためなら、がんばれる

キドックスに通う若者たちには、どのような変化があるのでしょうか。

二一歳のときから通い始め、八年目になるという結花さん(仮名)。中学一年生の冬、病気でしばらく学校を休んだあと、学校に行くのが怖くなったそうです。人が怖くて自宅に引きこもっていましたが、動物が間にいるのなら人ともコミュニケーションがとれるかもしれないと、キドックスに来てみることにしました。

最初は母親に付き添われ、一時間いるのが精一杯だったという結花さんですが、やがてキドックスが安心・安全な場だと感じられるようになりました。いまではスタッフからも頼りにされ、他の若者たちのトレーニングもサポートする頼もしい存在となっています。

彼女の成長をうながしたのは、人を怖《おそ》れている保護犬のトレーニングでした。犬を人に慣らし、社会化するためには、さまざまな人に協力を求め、かかわってもらわなければなりません。結花さんにとってもっとも苦手なことだったにもかかわらず、結花さんは「犬のためなら」とがんばりました。犬に新しい家族を見つけ、幸せになってもらいたい。その思いが原動力となり、結花さん自身の成長にもつながったのです。スタッフの村本さんが「犬の成長は人の成長でもある」と言うとおりです。

「ここに来て、人とかかわれるようになりました。人を好きになるのはむずかしいけど、怖いという感情は昔に比べると減ってきたかな……」

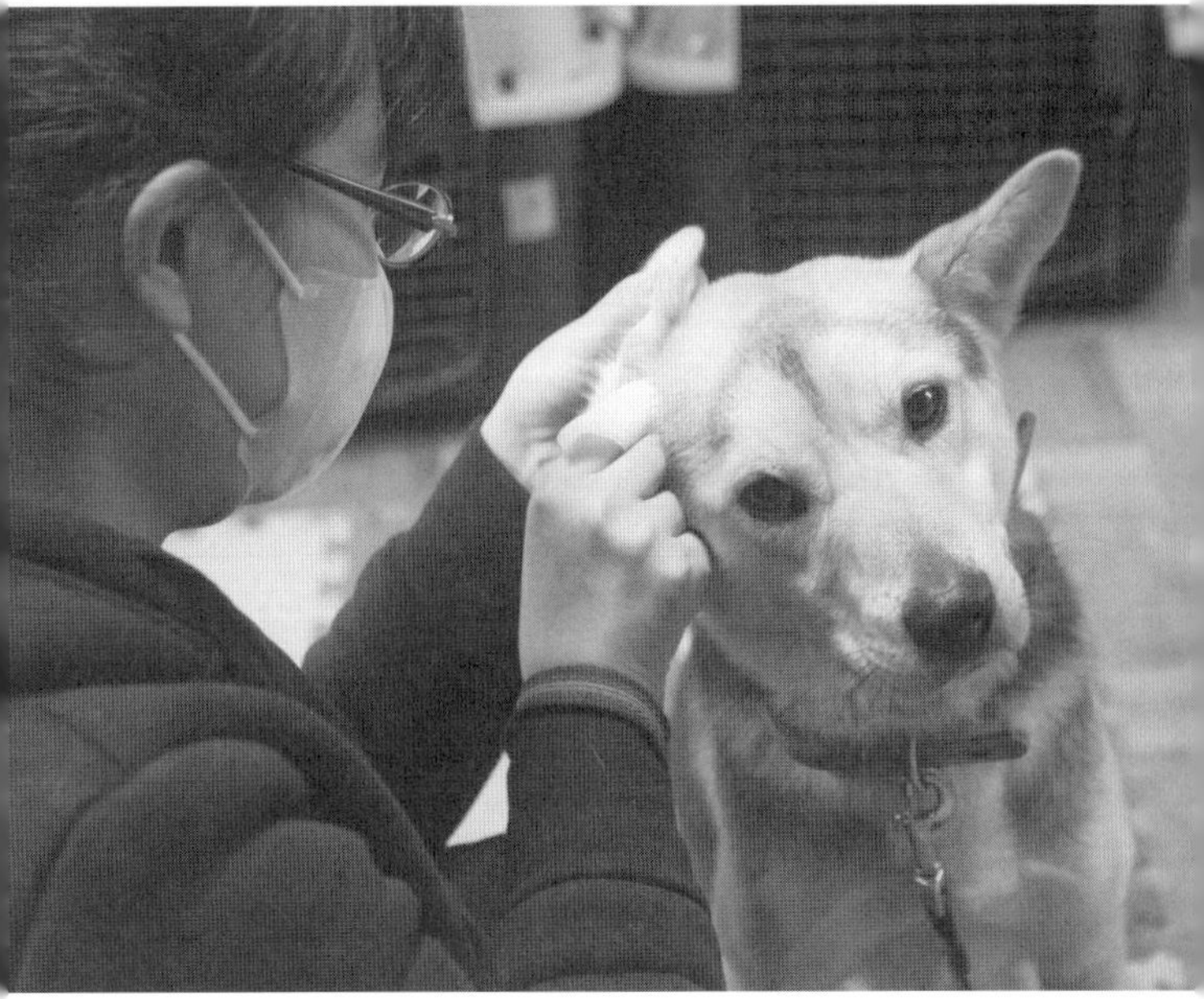

保護犬の耳掃除をする若者

そう控えめに話す結花さんですが、責任ある仕事を任され、少しずつ自信をつけてステップアップしつつあるようです。

もう一人、二三歳の京子さん(仮名)は、大学卒業後にキドックスにやってきました。子どものころから集団になじめず、対人関係のトラブルが多かったという京子さんは、いまでは発達障害と診断されていますが、自分では原因がよくわからず、気づかないままにきてしまったといいます。周囲の音が気になって混乱してしまったり、文章を読むのが大変だったり、冗談が理解できなかったりと、発達障害特有のさまざまな苦労を抱えつつも、不登校にはならず、なんとか大学も卒業。でも、すぐに就職するのはむずかしいということで、受診していた心のクリニックの先生に、動物が好きならキドックスに行ってみたらどうか、とすすめられました。

私が会ったときはキドックスに通い始めて半年ちょっとだった京子さんは、コメ吉という元野犬を任され、トレーニング中でした。まったく人に慣れていないため、人を怖がっており、触ろうとすると身をすくめるような犬でしたが、村本さんは京子さんへの期待を込めて、あえてむずかしいコメ吉を託しました。

京子さんは、最初は「私でいいのかな」と戸惑ったそうですが、「もうちょっと人が怖くなくなって、人と楽しく生活できたら」と、結花さん同様、犬の幸せを願って、コメ吉にハーネスを付ける練習を繰り返していました。そして、五か月後に再会したときには、コメ吉はもう譲渡可能ということで、キドックスが運営する保護犬カフェにデビューしていたのです。

「これまでは嫌なことがあるとしばらく引きずったけど、犬はそんなこと関係なしに来るから、なんとか犬と向き合わないといけない。でも、犬が相手なら気持ちを切り替えられます。いつか人に対してもできるようになるんじゃないかと思っています」

このように京子さんもまた、犬とのかかわりをとおして着実に変わりつつあるようです。

孤立を防ぐ予防的な取り組みを

キドックスはまず子どもたちのための犬とのふれあい講座からスタートし、二〇一八年には、若者たちが就労経験を積み、かつ保護犬と譲渡希望者が出会えるカフェもオープンしました。

上山さんたちは人と動物両方の福祉をめざす活動を一〇年近く続けるうち、やがて犬が捨てられる背景には、困っている人が誰にも頼れず孤立している状況があること、生きづらさを抱える若者も、長期にわたって社会的に孤立するうちに、ますます自立が困難になっていくということに気づいたそうです。そして、人も動物も、問題が起きてから対処するのではなく、問題が大きくなる前にそれを予防する、つまり、できるだけ早い段階で問題を発見して支援につなげ、孤立を防ぐ取り組みが必要だと考えるようになったのです。

そこで、そのような取り組みの基盤となる地域コミュニティの創出を目標に掲げ、二〇二二年四月二九日につくば市にオープンしたのが「ヒューマンアニマルコミュニティセンターキドックス」です。

三三〇〇平方メートルほどのゆったりした敷地には、現在、保護犬のシェルター、保護犬と出会えるカフェ、ドッグラン、ドッグカフェ、ペットホテル、トリミングサロンがあります。ワクチン接種や不妊去勢手術ができる動物病院もあり、現在は保護犬専用ですが、徐々に地域の人向けのサービスも始める予定だそうです。

若者たちにとっては、ペットホテルやトリミングサロン、動物病院などで働くことは、動物に関するスキルや資格を身につけ、就労の選択肢を増やすことにつながります。

また、地域の人々にとっては、これらのサービスを利用することで、キドックスとの接点ができます。ドッグカフェやドッグランも多くの人を引きつけるでしょう。無農薬野菜を使ったサンドイッチやスープなどのメニューはとても魅力的で、犬連れでなくても誰でも利用できるので、地域の人がふらっとお昼を食べに来るようになるかもしれません。

そうしてさまざまな人々が気軽に立ち寄れる場となり、動物を介した交流が増えていけば、困っている人や動物などの情報がもたらされ、早期に支援できる可能性が高まります。孤立している人に周囲の人たちが気づき、サポートできるようなやさしいコミュニティをつくりたい、と代表理事の上山琴美さんは話します。

「人の福祉をサポートすれば、その人と暮らしている動物の様子にも気づいてもらえます。そして、ただ動物をレスキューして終わりではなく、その人を福祉につなげるようにしたいんです」

キドックスには、行政から飼い主が重い病気になり、飼えなくなったという情報を受けて保護した犬もいます。これは行政との連携により、犬が取り残されるのを未然に防いだケースですが、一般市民のネットワークが広がれば、より早期に、より多くの人と動物に手を差し伸べられるでしょう。

上山さんたちは、今後は子どもたち、とくに中高生のサポートにも力を入れていきたいと考えています。長引くコロナ禍で学校に行けなくなった子どもたちが急増していることはメディアでもたびたび伝えられていますが、キドックスにも多くの相談が寄せられているそうです。シェルターにいる犬たちの世話を子どもたちに手伝ってもらったり、広い庭を活用してアウトドア型の子ども食堂をするなど、思春期の子どもたちの居場所を作りたいと考えています。

人が社会で生き生きと暮らすためには、「居場所」と「出番」があることが大切だとよくいわれます。そこにいてもいい、受け入れられているという感覚に加え、誰かのために何かできること。私たちはみな、そのような場を必要としているのではないでしょうか。

生きづらさを抱える若者や子どもたち、保護犬たち、そしてかかわるすべての人に居場所と出番があり、誰もが自分らしくいられる。ヒューマンアニマルコミュニティセンターキドックスはそんな場となることをめざしています。これからどんなふうに発展していくのか、とても楽しみです。

第3章
人の生き直しを助ける

自分が世話している保護猫を抱くアメリカの女性受刑者

1　動物を介在した刑務所での社会貢献活動

盲導犬パピー育成プログラム

島根県浜田市にある「島根あさひ社会復帰促進センター」(以下、島根あさひセンター)では、二〇〇九年に、日本初のプリズン・ドッグ・プログラム(刑務所での犬の訓練プログラム全般を指す名称)である「盲導犬パピー育成プログラム」が始まりました。島根あさひセンターは官民協働で運営されているPFI刑務所の一つです。PFI刑務所は民間の資金とノウハウを活用して施設の建設、維持管理、運営などをおこなう刑務所で、島根あさひセンターでは受刑者の給食、清掃、警備などのほか、教育プログラムや職業訓練プログラムが民間職員によって実施されています。収容されているのは刑期八年未満、刑務所に入るのは初めてという人たちです。

この盲導犬パピー育成プログラムは島根あさひセンター(官)、島根あさひソーシャルサポート株式会社(民)、公益財団法人日本盲導犬協会(民)の協働でおこなわれています。あとで書くアメリカの女子刑務所の「プリズン・ペット・パートナーシップ」について書いた本がこのプログラムが誕生するきっかけになったことから、私も立ち上げのときから参画し、現在までアドバイザーとしてかかわらせてもらっています。

どんなプログラムなのか簡単に言うと、訓練生（この刑務所では受刑者を訓練生と呼んでいます）が盲導犬候補の子犬（パピー）を育てる「パピーウォーカー」として、不足している盲導犬の育成に貢献するというものです。その過程で訓練生自身も成長し、更生につなげていくことをめざしています。訓練生は一か月ほどの準備期間を経て、日本盲導犬協会から託された子犬を約八か月間、協会のスタッフの指導を受けながら育てます。刑務所の中だけでは盲導犬になるための社会経験が不足するため、週末は「ウィークエンド・パピーウォーカー」（ＷＰＷ）と呼ばれる地域のボランティア家庭に預けていろんなところに連れていってもらい、訓練生とボランティアが協力し合って子犬を育てる方式を取っています。

また、このプログラムに参加する訓練生は点字点訳の職業訓練も受け、『点字毎日』という点字新聞をデータ化したり、視覚障害者向けの封筒に点字で住所を印字したり、本の点字翻訳をするなどの作業をしています。コロナ禍の前は盲導犬ユーザーに刑務所まで来てもらって、直接話を聞く機会も設けていました。盲導犬候補の子犬を育て、点訳作業に従事し、目が見えない人たちの世界を多少なりとも知ることで、視野が大きく広がった人も少なくありません。

私は取材の一環として、本人が連絡をくれた場合は、出所した人たちから、その後どうしているか近況を聞かせてもらっていますが、ある人は目が不自由なランナーの伴走ボランティアを始めたとのこと。かつては自分のことしか考えていなかったのが、他者のために何かしたいと思う利他的な気持ちを持つようになったのは、パピープログラムでの経験があったから、と話していました。

価値観の変化につながる交流

このプログラムには、ボランティアが大きくかかわっています。塀の中にいる人たちとボランティアであるＷＰＷが直接顔を合わせることはなく、パピーウォーカー手帳と呼んでいる飼育日誌を介してやりとりをするのですが、その内容はプログラムの立ち上げにかかわった私たちが想像していた以上の深まりを見せることになりました。最初のころは、犬について今日の体調はこうだとか、何時何分に便通あり、というような事務的な内容でした。それが、一頭の犬をともに育てるうちに、やがてごく自然に、「いつもありがとうございます」「そちらは寒いでしょうから体に気をつけて」というような温かい人間的なやりとりが生まれ、多くの訓練生たちがＷＰＷさんたちの思いやりのある言葉に励まされてきました。

あるとき、「ＷＰＷさんたちに対価は支払われているのか」と質問した訓練生がいました。「いえいえ、これは無償のボランティアですよ」と言うと、彼は「えっ、自分に一銭の得にもならないのに、ここまでしてくれる人たちがいるんですか……」と驚き、感じ入った様子でした。このような質問をした訓練生は彼だけではありません。誰かのために無償で自分の時間を差し出す人たちがいることを知り、そのような人たちと実際に交流することが訓練生の価値観の変化にもつながっているような気がします。

一方のボランティアにとっては、どうでしょうか。盲導犬育成に貢献したいと思って参加する人がほとんどですが、訓練生と協力して子犬を育てているうちに、連帯感のようなものを感じ始める人も少なくないようです。刑務所にいる人たちはちょっと怖いかも、と思っていたのが、彼らも同じようにパピーを思い、愛情を注ぐことを知って、少しずつ変わってくる。そうすると、それまで自分には何のかかわりもない場所だった刑務所とそこにいる人たちについても関心が湧《わ》いてくる。いったいどうして刑務所に行くようなことになったんだろう、あるいは、どんなふうに育ってきた人たちなんだろう、と思いが広がっていきます。もちろん訓練生個人の事情を知ることはできませんが、それはこれまで見過ごしていた部分に目を向け、自分たちが生きる社会を知ることにつながっていっていると感じます。

子犬を育てるということ

このプログラムの特徴は、成犬ではなく、子犬を育てるということです。子犬の養育に自らがかかわり、成長していく姿を見ることによって、親子関係の修復につながったケースもあります。たとえば、ある訓練生は、幼いころに母親が刑務所を出たり入ったりしたため、親戚宅を転々として育ちました。自分はちゃんと育ててもらっていない、なぜ自分を生んだのかと母親に対して恨みのような感情を抱いていたのが、あるとき、パピーが夜中に体調を崩したとき、心配で一晩中眠れない経験をしました。そして、ふと、もしかしたら自分の母親もこんなふうに自分を育ててくれたのかもしれないと思い、母親に手紙を書いたところ、生後まもない自分の写真に出生時の体重を添えた手紙が返ってきたそうです。それを見て、彼は初めて自分はちゃんと愛されていた、生まれてきてよかった、と思えたと言いました。

また、非行に走った自分の息子を叱る一方だったある訓練生は、パピープログラムでの子犬の育て方(子犬がいけないことをしたときに罰するのではなく、よいことをしたときにほめることで正しい行動を学ばせる「陽性強化法」というやり方)を自分の子育てにも応用してみたところ、息子さんとの関係が大きく改善し、やがていっしょに仕事ができるまでになったそうです。

パピーと遊ぶ訓練生

こうして手塩にかけて育てた子犬も、八か月後には手放さなければなりません。パピーたちは刑務所を出て、いよいよ盲導犬になる訓練を受けるため、訓練センターへと旅立っていきます。

例年、プログラムの終了時期が近づくと、早くも涙ぐみ始める人がいて、ペットロスになるのではないかと心配になります。日本盲導犬協会にパピーを返す修了式では、涙にむせぶ人たちもいます。でも、じつはまだ実際にペットロスになった人はいません。パピーは自分たちのペットではなく、視覚障害のある人たちのために育てているのだということを皆が肝に銘じていること、そして、無事に送り出せた安堵《あんど》と自分たちの役割を果たした達成感が別れの悲しみを上まわるからではないかと思います。

幼少期に親と死別したり、両親が離婚して置き去りにされたり。あるいは、自分が犯罪をしたために離婚することになり、わが子に会えなくなってしまったり。刑務所にいる人たちの中にはとても困難な環境で育ち、いくつもの別れと喪失を経験してきた人が少なくありません。彼らにとって、パピーとの別れのつらさは私たちが想像する以上に大きいだろうと思うのですが、みんな見事に別れます。自分の大切なものを、自分よりもっとそれを必要とする人たちのために手放す——それによって、彼らが人としてひと回り大きく成長することを感じます。

盲導犬ユーザーの言葉

このプログラムは、実際に訓練生の更生に役立っているのでしょうか。出所した何人かの人たちからもたらされた個人の物語からは、彼らがその後の人生を生き直すうえで大きな原動力になったことがうかがえますが、それを示す量的データはありません。唯一数字で見える成果といえるのは、盲導犬となった犬の数です。二〇二二年六月の時点で、ここから巣立ったパピーが一五頭盲導犬となり、視覚障害者の人々のよきパートナーとなっています。

刑務所で育った犬と歩くことをどう思うか、ある盲導犬ユーザーさんに聞いたことがあります。彼女は、最初は刑務所で育った犬だと聞いて、「どんなふうに育てられたんだろう。もしかしたら、すごく厳しく育てられたのかな」と思ったそうです。でも、「実際にいっしょに歩いてみるとほんとうにいい子で、どんなふうに育てたらこんないい子に育つんだろう。こんないい子に育てた人たちが、そんな悪い人たちのはずがないな」と思ったというのです。そして、しみじみとこう言われました。

「この子を育ててくれた人たちに、いま、私と歩いている姿を見せてあげられないのが何より残念です」

ユーザーさんが感情を込めておっしゃったその言葉は、深く心に響きました。たとえ直接会うことはなくても、盲導犬の育成にかかわった大勢の人たちの思いは、犬を介して、たしかにその犬と歩く人にも伝わるのでしょう。

アメリカのプリズン・ドッグ・プログラム

「盲導犬パピー育成プログラム」が誕生するきっかけになったのは、「プリズン・ペット・パートナーシップ」(Prison Pet Partnership＝ＰＰＰ)というアメリカのプリズン・ドッグ・プログラムです。一九八二年、ワシントン州の女子刑務所「ワシントン・コレクションズ・センター・フォー・ウィメン」(Washington Corrections Center for Women＝ＷＣＣＷ)で始まった受刑者による介助犬の訓練プログラムで、ＰＰＰの成功により、プリズン・ドッグ・プログラムはその後全米各地の刑務所に広がることになりました。

私が最初にＰＰＰを訪問したのは一九九六年。アニマルシェルターにいる犬の中から適性のありそうな犬を引き取り、受刑者が訓練して介助犬に育てている女子刑務所があると聞いたのがきっかけでした。捨てられたり虐待されたりしてシェルターに保護された犬たち。罪を犯して刑務所で服役している女性たち。そして、病気や障害のために社会参加しづらい状況にいる人々――。社会の周縁で生きている三者のトライアングルが自然に頭に浮かび、その三者すべてが恩恵を受けるこのプログラムをぜひ自分の目で見てみたいと思いました。もしここに犬がいなかったら、私は刑務所に取材に行くことはなく、刑務所にも、そこに収容されている人たちにも関心を抱かないままだったでしょう。

初めてPPPを取材してから二七年になりますが、その後も数年おきに訪問し、その活動をフォローしています。また、PPPとの出会いがきっかけとなって、いくつもの更生施設や少年院、刑務所などを取材し、本も何冊か書くことになり、実際のプログラムにもかかわることになりました。PPPのおかげで、いつのまにか矯正施設での動物介在活動が自分のライフワークの一つとなりました。

なぜ保護犬を救うことにこだわるのか

近年アメリカでは、幸いなことに捨てられる犬が減り、シェルターにいる保護犬の中から介助犬候補を見つけるのがむずかしくなりました。そのため、現在のPPPは、介助犬の血統から生まれた子犬の提供を受けて育成をしていますが、保護犬を救い、家庭犬やセラピー犬に訓練する活動も続けています。

なぜPPPでは保護犬を救うことにこだわるのでしょうか。それは、第2章で述べたわすれな草農場の子どもたちのように、保護犬たちの境遇を自分自身に重ね合わせて見る受刑者が多いからなのです。私はPPPの取材を始める前はまったく無知でしたが、受刑者の女性たちの中には、さまざまな虐待やネグレクト、とくに性暴力の被害を受けるなど過酷な環境で育った人が多くいます。一方の犬たちは、飼い主にきちんと世話をされず、暴力をふるわれたりした結果、吠えたり噛んだりというような問題行動をするようになって捨てられてしまうケースが多々あります。そんな犬たちをふたたび人と幸せに暮らせるように訓練するというのは、彼女たち自身の回復の過程とも重なる、大きな意味のあることなのです。

いまも心に残っているのは、全身全霊を傾けてブルータスという犬を訓練したスーのことです。ブルータスはマスティーフという犬種で、劣悪な環境で子犬を大量に繁殖する悪質ブリーダーのもとから助け出された犬でした。PPPに来た当初は犬舎の隅っこに固まり、人が近づくと低い声で唸《うな》り、リードを見ただけで逃げてしまうほど人を怖れている状態だったそうです。スーはとても一般の人の手には負えないむずかしい犬だったブルータスを、もう一度人と歩ける犬にするために懸命に努力し、見事成功しました。そのときスーが言った言葉が忘れられません。

劣悪な環境から保護されたブルータスと強い絆を結んだスー

「ねえ、どうして私がこれほどブルータスに入れ込んだのかわかる？　ゴミのように扱われるのがどんなことか、私はよく知ってるからよ。ブルータスはまるで刑務所に来たころの私みたいだった。だから、どうしても、人を信じる心を取り戻させてやりたかったのよ」

保護犬の訓練が受刑者たちの立ち直りのメタファーとなる一方で、介助犬を育てることも彼女たちにとっては特別な意味があります。ある受刑者は、訓練中、ずっと自分が障害を負わせた被害者のことを考えていたそうです。その人に対して直接償うことはできなくても、障害のある誰かのために介助犬を訓練することで、少しでも償いをしたい、と。

罪を犯した人たちだからこそ、社会に何か貢献できるチャンスが与えられるというのは、非常に大切なことだと思います。そのことによって少しでも自分を認め、自己肯定感を持つことができれば、きっとその人が立ち直っていく原動力になるでしょう。

ＰＰＰの強みは、職業訓練としても大きな成果をあげていることです。ＰＰＰは公的資金にはほとんど頼らず、民間からの寄付に加え、ペットホテルとペット美容室という自前の収入によって成り立っていて、プログラムの参加者は、全員がトレーナーあるいはトリマーとしての訓練を受けます。もっとも就労に結びつきやすいのはトリマーで、女性たちは刑務所内のＰＰＰのスペースにあるトリミングルームで経験を積み、手に職をつけて出所することができます。ほとんどの出所者は就職活動の際、刑務所にいたことを正直に話すそうですが、それでも就職率はほぼ一〇〇％だということです。長年介助犬や保護犬の訓練をとおして地域に貢献してきたことが、地域コミュニティに広く共有され、認められているからでしょう。

行き場のない猫たちを終生飼養

近年、ＰＰＰは猫の保護団体とも連携しています。高齢や病気などのために引き取り手が見つかりそうもない猫たちを主に引き受け、可能な場合は新たな家庭に譲渡しますが、そうでない場合は受刑者が終生飼養します。ＷＣＣＷの受刑者のなかには、殺人や殺人未遂、強盗などの重い罪を犯し、長期刑に服している人も少なくありません。長い年月を刑務所で過ごさなければならない受刑者にとって、自分が愛情を注ぎ、ケアする対象がいることは、心情の安定と生きがいにつながります。猫のほうは殺処分を逃れ、かわいがってくれる人のもとで命をまっとうすることができます。そして、地域コミュニティのほうも猫の殺処分を減らすことができるというウィン・ウィンの形ができているのです。

シュミリアという猫は、二年もの間地下室に隔離され、毛もところどころ抜け落ち、便秘で苦しんでいたところをＰＰＰの元スタッフに保護されました。シュミリアの世話係になったのは、ボーイフレンドが人を殺すのに加担した第二級殺人罪で、二二年半の刑に服していたアリサ。最初のころ、シュミリアは触ろうとすると、フーッと毛を逆立てて引っかこうとしたそうですが、アリサはそれは攻撃性ではなく、人への怖れからくるものだと理解していました。非常にセルフ・エスティームが低く、傷つくのがこわくて人とのかかわりを避けてきたという彼女は、シュミリアの気持ちがよくわかったと言います。シュミリアはアリサの献身的な世話によって体調もよくなり、やがて撫でたり抱っこさせてくれるようになりました。丁寧なケアのおかげで、私が会ったときのシュミリアは、ふかふかの見事な毛並みをした立派な猫になっていました。

アリサは介助犬のトレーナーでもありましたが、犬は自分のペットではなく、誰かのために訓練しているわけですから、いつかは手放さなければなりません。あまり愛着を持ち過ぎると別れがつらくなってしまいます。

「でも、この猫は最後まで自分が面倒を見る相手だから、思いきり愛情を注ぐことができる。人も犬もたえず入れ替わり、去っていく刑務所のような場所で、これからもずっといっしょにいられる相手がいるのは、ほんとうにありがたいわ……」

そうアリサが話していたのが心に残っています。

動物たちは心理的な安全をくれる

一方、出所するときに、自分が世話していた猫をいっしょに連れていく人たちもいます。その一人、クリスは、私がこれまでの二七年間に話を聞いた中でも、もっともひどく痛めつけられ、それでも生き抜いてきた人でした。父親の激しい暴力にさらされて育った彼女は、一〇歳のときに父親が母親を銃で撃って殺害するのを目撃。その後たらい回しにされた親戚宅では、親族の男たちから性暴力を受けます。家出したのちに結婚した相手もDVの男でした。

クリスは虐待につぐ虐待を受けてきたために、強い人間不信があり、動物にしか心を開かない人でした。それが、PPPで働いた六年の経験をとおして、動物を介してなら、限定的ではあるけれども人とかかわれるようになり、四頭の介助犬と一頭のセラピー犬、ホームヘルプ犬（公共の場には行かず、家の中で障害のある人の介助をする犬）一頭を育てました。

彼女に託されたのはシュガーという猫でした。足に障害があり、這《は》うことでしか前に進めず、いつも怯《おび》えて縮こまっていました。クリスが世話を任されてからシュガーを抱き上げられるようになるまで、なんと三年半もかかったそうです。第一級殺人未遂罪で一四年を塀の中で過ごして出所するとき、クリスはそんなシュガーを置いていくことはできず、いっしょに連れて出ました。

その後彼女のアパートを訪ねると、クリスは動物看護助手として働きつつ、シュガーはもちろんのこと、犬、猫、ウサギ、ギニーピッグなど、シェルターから引き取ったさまざまな動物たちに囲まれて暮らしていました。

社会でやっていける程度には人とかかわれるようになったクリスですが、最大の支援者であったPPPのスタッフさえ、一〇〇％信用することはできなかったといいます。

「だって、人間は人間だもの。ある日突然心変わりするかもしれないでしょう。でも私は動物たちのことは一〇〇%信じてる。彼らの愛は無条件で、邪心なんてないから。どこまでもピュアで、けっして裏切ることはないから……」

クリスのこの言葉は、なぜ動物を介在することに意味があるのかを見事に言い表しています。社会や他者を傷つけた人たちは自分自身も深く傷ついている——。初めて刑務所を取材し始めたころに抱いたその思いは、アメリカと日本での長年の取材を経て確信に変わりました。人間に傷つけられた人たちは、そう簡単に人間を信じることはできません。でも、犬や猫などの動物たちは安心して心を開ける相手です。自分に愛情をかけてくれる人を全面的に信頼し、かけられた愛情には必ず応える。この「安心・安全」な関係性こそ、傷ついた人が回復するうえで何より大切なものだと思います。

もちろん誰もが動物好きというわけではありませんから、動物とのかかわりはすべての人に有効な魔法の処方せんではありません。でも、動物になら心を開けるという人たちに対しては、動物たちは人間とも信頼関係を築いていくための、頼もしい橋渡し役となってくれるのではないでしょうか(PPPの活動やそれぞれの女性たちの物語についてもっと知りたいという方は、拙著『犬、そして猫が生きる力をくれた——介助犬と人びとの新しい物語』をお読みいただけると幸いです)。

受刑者の力を借りて、猫の殺処分を減らす

ワシントン州では、矯正局が動物介在活動のガイドラインを定めており、州内に一二ある刑務所のすべてで犬か猫（もしくは両方）のプログラムがおこなわれています。そのうちの一つ、モンロー・コレクショナル・コンプレックスという男性の刑務所では、二〇〇六年以来、「パーフェクト・パルズ」という地域の保護猫団体と協働し、受刑者が人に慣れていない猫を社会化し、譲渡に出すというプログラムをおこなっています。なんと最初の一〇年間に、刑務所での社会化プログラムを経て譲渡に成功した猫は七〇〇匹以上。刑務所に預けた猫のほとんどが新しい家庭に迎えられたそうです。

猫の世話をするのは精神疾患を抱える受刑者約一五人。保護猫の一時預かりボランティアとして、猫と二四時間居室でともに生活します。食事や排泄の世話をし、そばに来ればおやつをあげるなどして、少しずつ猫たちの警戒心を解いていきます。保護猫団体のボランティアたちが週一回刑務所を訪れて猫たちの状態をチェックしますが、受刑者が猫を傷つけるような事案は、いっさいないとのこと。刑務所の担当職員によると、むしろ猫たちがいることで受刑者の心情が安定し、生活ぶりが穏やかだといいます。

猫の世話をしている受刑者たちに話を聞くと、最初のころは怯えきってキャリーから出てこ

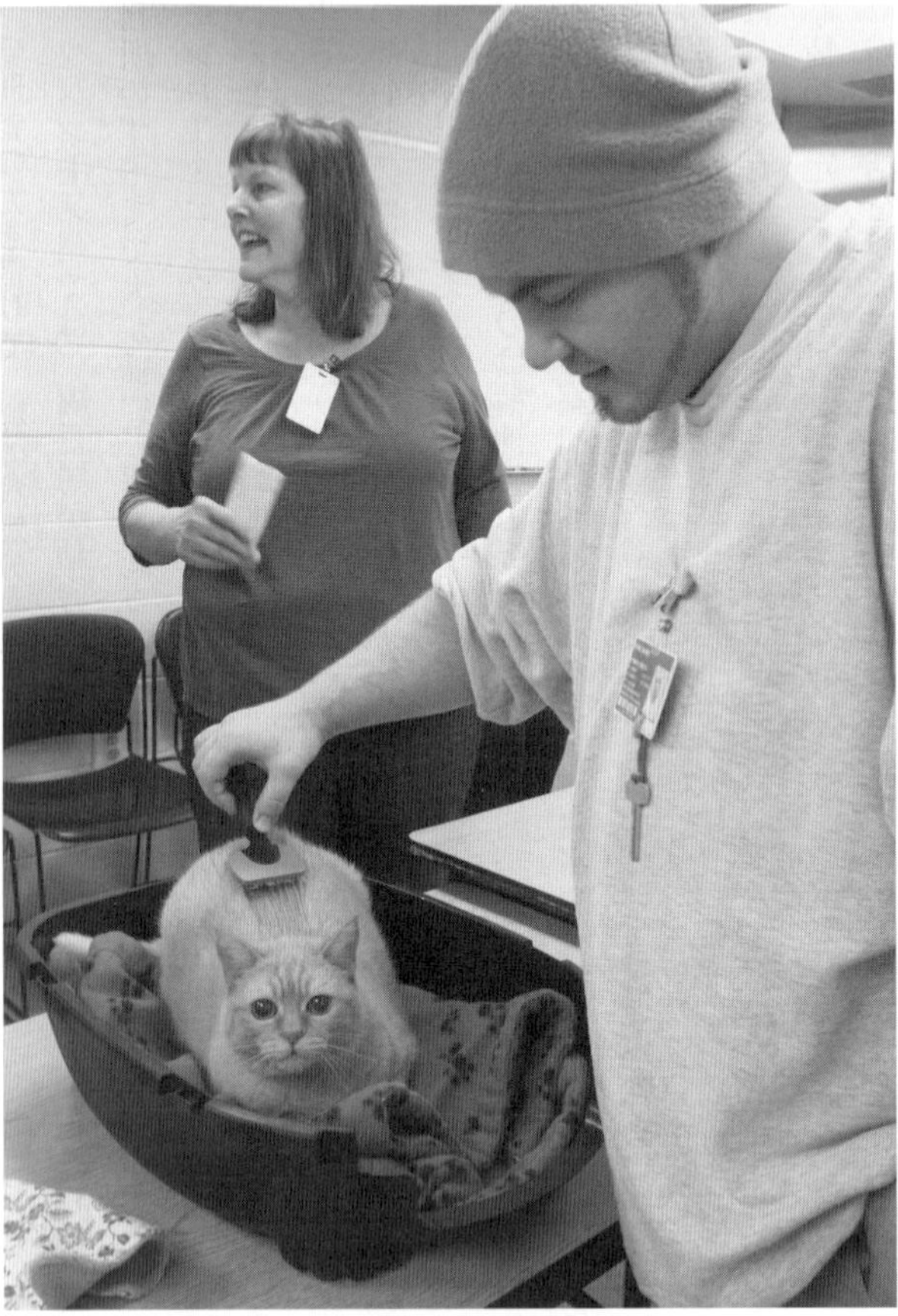

保護猫の社会化に協力する受刑者とボランティア

なかった猫が、やがてすぐそばでゴロゴロと喉を鳴らすようになった、抱っこしたり撫でさせてくれるようになった、と信頼される喜びを語ってくれました。猫が人間への恐怖心を克服し、人間を信頼できるよう手助けするには、猫がこの人は安全だと感じて自分から出てくるまで、じっと「待つ」ことが必要です。猫の社会化プログラムは犬の訓練などと比べるとかなり静的ですが、そうやって相手の気持ちを尊重し、忍耐強く信頼関係を築いていくプロセスそのものが、その人の更生にとって意味のあるものになるでしょう。

このプログラムで、刑務所に行くボランティアを確保するのはむずかしくないかと尋ねたところ、保護団体のほうではまったく苦労していないという返事でした。それはなぜかというと、時間をかけて社会化すれば人と暮らせるようになる猫はたくさんいるのに、人手が足りないために殺処分になってしまっていたのが、受刑者のおかげで多くの命を救うことができるようになったからなのです。

ボランティアの人々は、当初、罪を犯した人たちに特段の関心があったわけではありませんでした。女性ボランティアの中には、男性の刑務所に行くのは怖いと感じた人もいたでしょう。それでもみな猫の命を救うためなら、と、このプログラムに参加したのです。あるボランティアの女性に受刑者との協働をどう思うか聞くと、「この人たちは私たちにとっては大切なパートナー。猫を救うためにいっしょにがんばっている仲間なんです」との答えが返ってきました。そして、猫を介して受刑者たちと交流するうちに、だんだん相手を一人の人として見るようになっていき、やがて、彼らが罪を犯す前に予防できていたらよかったのに、という思いから、精神を病む人をどう社会で支えるかということまで考えるようになったそうです。猫を救うために始まった活動がこのような副次的な広がりをもたらすことも、動物を介する大きなメリットの一つだと思います。

また、より多くの猫の命を救うために、刑務所にいる人たちの力を借りるというのはアイデアとしても秀逸です。たとえばワシントン州には、受刑者が生後まもない子猫を哺乳瓶で育てる「ミルクボランティア」をする刑務所もあります。もっとも殺処分の対象になりやすいのは生まれたばかりの子猫たちなので、このような活動は直接動物の命を救うと同時に、幼く弱いものを慈しむ気持ちを涵養《かんよう》する貴重な機会にもなると思われます。

個々の物語の力

これまで書いてきたとおり、アメリカでは刑務所や少年院などで広く動物介在活動がおこなわれていますが、じつはそれがどの程度再犯率を下げるのに役立っているかを示す実証的な研究は、ほとんどありません。命あるものを扱うプログラムなので、参加者の選定には慎重になる必要があり、参加していない人との比較がむずかしいこと、プログラムの形態が多岐にわたっているため、個別のプログラムの検証に限られることが多く、実証に十分なサンプルサイズが得られないこと、また、罪を犯した人が立ち直るためには多くの社会的なサポートが必要であり、ある一つのプログラムに参加したから再犯に至らなかったとは結論づけられないなど、さまざまな理由が考えられます。

ですので、動物を介在したプログラムに再犯率を下げる効果があるという確たるエビデンスは得られていないのですが、それでもアメリカでは四〇年以上にわたっておこなわれ、一般市民の根強い支持を得ています。刑務所や少年院における動物介在プログラムは、おそらく全米で四〇〇以上はあるものと思われます。それほど盛んにおこなわれているのは、これまで述べてきたように、人と動物の双方が救われ、地域コミュニティも恩恵を受けることが、個々の事例についての豊富な質的研究やメディアの報道などによって広く知られているからでしょう。この本でもいくつか紹介しましたが、やはり個々の人と動物の物語こそが、人々の心を動かしてきたのだろうと思います。

受刑者による自然保護活動

一般的な動物介在活動とは異なりますが、命あるものを育てることが受刑者の更生につながっている例として、ある先進的な取り組みをご紹介したいと思います。アメリカのワシントン州のすべての刑務所でおこなわれている「サステイナビリティ・イン・プリズンズ・プロジェクト」(Sustainability in Prisons Project＝ＳＰＰ)というものです。ＳＰＰのコンセプトは、「自然、自然科学、そして環境教育を刑務所の中に持ち込むことで、持続可能な変化を引き起こすこと」。具体的には、①環境教育プログラム、②自然保護プログラム、③自然の修復的な力を生かすプログラム、④社会貢献プログラム、⑤サステイナビリティを高めるプログラム、という五つのカテゴリーがあります。

私がこの活動に興味を持ったのは、前にも書いた女子刑務所の犬の訓練プログラムを長年取材するうちに、刑務所の風景がどんどん変化していく様子を目のあたりにしたからでした。一九九六年に初めて訪問したときは灰色のコンクリートに固められた無機質な空間だったのが、やがていたるところに庭や畑ができ、緑あふれるのびやかな空間へと変わっていったのです。いまではコンクリートが残っているのは通路など一部のみで、施設全体が土と緑に覆われています。このようなダイナミックでポジティブな変化を起こす原動力となったのがＳＰＰだと聞いて心惹かれ、数年前から取材を始めました。

二〇〇三年にパイロット・プログラムとして始まり、二〇〇八年に正式なプロジェクトとなったSPPの活動は非常に多彩で多岐にわたりますが、ここではもっとも興味深い「自然保護プログラム」を取り上げたいと思います。受刑者のマンパワーを借りて、絶滅の危機に瀕している動植物を復活させようというものです。

代表的なのは、絶滅危惧種の蝶を育てるプログラム、元々北米を覆っていたプレーリー(草原)に自生していた植物を栽培し、移植するプログラム、絶滅危惧種のカエルが生息する湿原の復元をめざす水耕栽培のプログラム、病気が蔓延《まんえん》し、個体数が激減している亀の世話をし、野生に返すプログラムなどです。他にも、ワシントン州のほぼすべての刑務所で養蜂がおこなわれています。ミツバチは近年の環境破壊により危機的に数が減っているため、養蜂はとても重要な自然保護活動です。

これらのプログラムの多くは時間と忍耐を要します。たとえば亀の世話をするプログラムでは、受刑者は病気に感染した甲羅を一日に何度も洗って乾かす、という地道な作業をしなければなりません。また、蝶を繁殖させて育てるプログラムでは、狭いグリーンハウスの中で、一ミリにも満たない小さな卵が孵《ふ》化《か》し、幼虫となり、やがて蝶になるプロセスを注意深く観察し、記録する仕事をします。以前動物園との協働でおこなわれていた絶滅危惧種のカエルを育てるプログラムでも、受刑者は毎日水質や水温をチェックし、何時間もカエルたちの様子を観察していました。

受刑者がこのような活動に従事する意義とはなんでしょうか。もちろん保護猫の社会化プログラムなどと同様に、手のかかる自然保護活動を刑務所にいる人たちに担ってもらうというのは大変理にかなっています。そして、罪を犯した人たちにとっては、自分が傷つけた社会に何かポジティブなものを還元するチャンスでもあります。でも、私が何より重要だと思うのは、他の生き物やエコシステムについて学ぶことで、大きく視野が広がるとともに、自分も自然界の一部であると体感できることです。そのことをきっかけに人生が変わる人もいます。

SPPでは、蝶を育てた受刑者たちを、実際に蝶が生息する復元中のプレーリーに連れていきます。亀を野生に戻すときは、世話をした受刑者の手で池に放してもらいます。服役中の受刑者を塀の外に連れ出すというのは、刑務所職員にとっては負担の大きいものですが、それでもあえてそこまですることによって、受刑者はそれまで自分がしてきた仕事の意味を真に理解することができます。そして、それまで限られた狭い世界の中で生きてきたであろう人が、自分自身も自然界というより大きなものの一部であり、この地球上に居場所と役割があることを

病気の亀の甲羅を洗う受刑者

実感する——それはおそらく魂を揺さぶるほどの気づきでしょう。

女子刑務所でプレーリーに自生する植物を栽培していたある若い受刑者は、自分が育てた草が移植された場所を見に行ったときの感動をこう話しました。

「自分は刑務所の中にいる、ほんのちっぽけな存在にすぎない。でも、外には限りなく大きな世界があって、私たちはそれを守るのに貢献している。そのことが実感できたとき、すべてが違って見えてきました」

彼女はこうも言いました。

「プレーリーの草も、蝶も、私たちも、すべてがつながっていることがわかった。ここを出たあとも、そのつながりの中で生きていきたいです」

また、蝶を育てるプログラムに従事したある女性受刑者は、「小さな卵が蝶になるまでの命のサイクルを最初から最後まで見ているうちに、希望が湧いてきたんです。私もきっと生き直せると……」。

プレーリーの植物を育てた受刑者はその後環境保全にかかわる仕事に就き、蝶を育てた受刑者は大学に進学して環境科学と社会福祉を学びました。

人は自然に接すると向社会的になる

すべての生命がお互いにつながり、支え合う自然界のありようを体感すること。さなぎが蝶になる自然の驚異に目を見張ること。自然保護プログラムには人々の自然に対する畏怖の念やセンス・オブ・ワンダーをかき立てる要素がたくさんあります。興味深いことに、人は広大な自然に接して畏怖の念に打たれると、自己中心的な考え方が抑えられ、他者に対してより寛大になるそうです。また、自然(たとえ鉢植えの植物であっても)に接することで、人がより他者との絆を感じ、より積極的に他者を助けようとするなど向社会的になることも報告されています。

なぜそうなのか。これらの研究をおこなったカリフォルニア大学バークレー校やロチェスター大学の研究者たちは、人類の進化の過程にそのヒントがあるのではないかと考えています。かつて狩猟採集生活をしていた人類は深く自然に依存していたと同時に、他者と協力しあうことが生存の鍵でもありました。また自然に接すると、人々は社会のさまざまなプレッシャーから解放されてリラックスし、より内面に目を向けるようになることも理由のひとつではないかということです。

このように、刑務所の中に自然を持ち込むことは、環境だけでなく、そこにいる人たちをもポジティブに変容させる可能性があると考えられます。保護犬や保護猫を救う活動と同様、まさにウィン・ウィンであり、ぜひ広まってほしい取り組みです。

日本での新たな試み

日本でも、栃木県さくら市にある喜連川《きつれがわ》社会復帰促進センター（以下、喜連川センター）で、二〇二二年四月から新たな試みが始まりました。喜連川センターも前に書いた島根あさひセンターなどのように、官民協働で運営されている刑務所の一つです。農業の職業訓練を受講する受刑者を中心に、絶滅が危惧されるシルビアシジミという蝶の食べ物となるミヤコグサや、やはり絶滅が心配されるカワラノギクの栽培、農薬などの害により激減しているニホンミツバチの養蜂など、在来種の保全活動に着手するとともに、循環型農業も始めています。また、認定特定非営利活動法人アースウォッチ・ジャパンの協力で、刑務所内の敷地で見つかった希少植物のハナヤスリを保全するプロジェクトもおこなわれることになっています。

また、少年院でも、在院者の少年たちが自然保護にかかわる試みがすでに始まっています。相模原市に建設予定の神奈川少年更生支援センター(仮称)の敷地で、数が減少している在来種のカントウタンポポの群生が見つかったことから、アースウォッチ・ジャパンと横浜国立大学の協力で保全活動がおこなわれることになりました。センターの工事中は多摩少年院、愛光女子学園、東日本少年矯正医療・教育センターの三つの少年院および近隣の小中学校で、子どもたちがプランターに植えたカントウタンポポを預かって世話をし、センターが完成したら、また元の場所に移植する「たんぽぽプロジェクト」というものです。センター開設後は、敷地内の農園芸場や半自然草地などを少年院在院者、地域の子どもたち、地域住民の学びのフィールドにすることを構想しています。

これらの試みはまだ始まったばかりですが、人と自然双方の回復と再生につながることを期待したいです。

2　少年院の動物介在活動

日本の少年院は、家庭裁判所から保護処分を受けたおおむね一二歳から二二歳までの少年たち(少女を含む)が、非行をやめて立ち直るための教育を受けながら社会復帰をめざす教育施設(少年刑務所は刑事施設)です。家族関係や交友関係を見直したり、被害者の心情を考えたり、といった教育プログラムの他に、国語や数学などの教科指導や職業指導などの授業も充実しています。

少年院では、以前から医療少年院(現、第三種少年院)でセラピー犬を飼育したり、犬を介在した「更生支援パートナードッグ」と呼ばれるプログラムを試行するなどしてきました。

二〇一二年には、少年院での動物介在活動をさらに充実させるための検討委員会が法務省で立ち上がり、私も委員の一人として参加。数年かけて「少年院での動物(犬)介在活動」のガイドライン作りをしました。ガイドラインに定めた活動の種類は四つです。

(1)「保護された犬の訓練、しつけを通じた社会貢献プログラム」　このあと詳しく書く八街少年院でのGMaCプログラムと沖縄女子学園の3Re-Smileプロジェクトが、これに該当します。

(2)「動物(犬)介在教育プログラム」　外部の団体が連れてくる犬たちと定期的にふれあい、犬とのコミュニケーションや世話の仕方などを学ぶもので、警察犬訓練団体の協力のもと、交野《かたの》女子学院で五週間(週一回を五回)のプログラムが実施されています。浪速少年院でも同様のプログラムがおこなわれていましたが、現在はコロナ禍のため休止しています。

(3)「処遇困難な在院者に対するプログラム」　犬とふれあうことでストレスを和らげたり、心情を安定させたりして日常生活への意欲を高めるほか、犬をとおして周囲の人との信頼関係を築くことをめざすプログラムです。京都医療少年院で、夏場を除き、月に一回セラピー犬の訪問活動がおこなわれています。

(4)「動物(犬)を介在した活動」　犬と直接ふれあうほか、保護される犬や補助犬などについて学ぶ単発のプログラム。これは現在実施しているところはありません。

この他にも、二〇〇四年から「更生支援パートナードッグ」を試行してきた榛名《はるな》女子学園と愛知少年院では、現在もプログラム継続中で、施設内で暮らす犬たちが在院生の情操教育に寄与しています。

少年たちが保護犬を訓練するＧＭａＣプログラム

ギヴ・ミー・ア・チャンス（Give Me a Chance＝ＧＭａＣ）は、千葉県八街《やちまた》市にある八街少年院でおこなわれている保護犬訓練プログラムです。少年院にいる少年たちに保護犬のトレーニングを担ってもらい、犬たちに新たな家庭を見つけるというものです。少年たちは動物愛護センターなどに保護された犬たちがよい家庭犬になれるよう社会化トレーニングや基本的なしつけをおこない、その過程で社会復帰に向けて必要なさまざまなスキルを身につけることを目的としています。

二〇一四年からこのプログラムを提供しているのは、犬や猫の社会的殺処分をなくすことをめざす公益財団法人ヒューマニン財団。プログラムの期間は一二週間（年二回実施）で、少年三人と犬三頭でおこないます。ヒューマニン財団のインストラクターが連れてくる犬たちを、少年たちが週四日、約一〇〇分の授業時間内に訓練するという通所型のプログラムです。

盲導犬パピープログラム同様、このプログラムにも週末犬を預かる地域のボランティア「サポートファミリー」が深くかかわっています。少年とサポートファミリーが直接会うことはありませんが、引き継ぎ書や日誌をとおしてやりとりします。その犬がよい家庭に引き取られ、幸せになれるように――。同じ目標を共有し、ともに協力し合うことによって、地域の人々と少年たちがつながり、地域の人々のなかには少年たちを応援したいという気持ちも生まれる。ここでもやはり犬を介することが、ポジティブな循環につながっているのを感じます。

犬の訓練で学ぶライフレッスン

ＧＭａＣでは、約三か月のプログラム期間中は、一人の少年が一頭の犬を担当します。ヒューマニン財団のインストラクターの役割は、犬の訓練は初心者である少年たち（なかにはまったく犬を飼ったことがない子もいる）に、犬についての知識や訓練の方法を伝授し、彼ら自身が犬を訓練できるよう導くこと。「ダウン」（伏せ）、「ウェイト」（待て）、「シェイク」（お手）などのさまざまなコマンドを犬たちに習得させていくのですが、当然ながら、最初からすんなりできるわけではありません。少年たちは犬としっかりコミュニケーションを取り、犬がコマンドの意味を理解し、できるようになるまで粘り強く取り組まなければならず、そこからおのずと責任感と忍耐が醸成されていきます。

犬にとってよきリーダーとなるためには、トレーナーは責任ある一貫した行動を取る必要があります。また、犬は人の感情を敏感に察知し、それに同調する生き物ですから、その日どんなに嫌なことがあったとしても、決して負の感情を訓練に持ち込まないよう心しなければなりません。そして、言葉を話さない犬の気持ちを理解する共感力と、自分の意図を明確に犬に伝えるコミュニケーション力も重要です。犬を訓練する過程には、社会で生きていくうえで大切なレッスンがほんとうに多く含まれていると感じます。

むずかしいコマンドなどの大きな目標は、「スモールステップ」で少しずつ達成していくことも学びます。最初からいきなり高度な課題達成をめざすのではなく、いくつかの小さなステップに分け、簡単なことからよりむずかしいことへと、段階を追ってステップアップしていく、というやり方です。

たとえば犬に「ジャンプ」というコマンドを教えるとき、どうするか。まずは台の真ん中あたりに犬が好きなおやつを置き、犬が台に前脚を乗せたら、おやつを少しずつ遠くにずらし、やがて犬が自分から台に乗るようにします。そして、「ジャンプ」と声をかけただけで、台に飛び乗るようにしていく。このプロセスは、はるか遠くに見えた山の頂上にも一歩一歩足を前に出しているうちに、いつか到達できる登山に似ています。また、途中で壁にぶつかったとしても、どうすればいいか考えていろいろ工夫した結果、できるようになることもあるでしょう。

犬の訓練のいいところは、自分の努力の結果が、比較的短時間のうちに、目に見える形で表れるということです。犬のトレーニングをとおして成功体験をたくさん積み重ねていくことで、少年たちはセルフ・エスティームを築き、自分に自信を持つことができるでしょう。

少年たちの成長

少年院に入るのは、一昔前は集団暴走や抗争などを繰り返す粗暴な少年たち、というイメージが強かったのではないかと思いますが、現在ではかなり様変わりしています。そもそも非行をする少年が大幅に減っているため、少年院に入る少年の数も減っています。いま少年院で立ち直りのための教育を受けている少年の多くは、虐待やネグレクトにあうなど困難な家庭環境で育ち、学業にもつまずき、家にも学校にも居場所がない、社会的に脆弱《ぜいじゃく》な子どもたちです。発達障害や知的障害があり、生きづらさを抱える少年たちも少なくありません。そんな少年たちにとって、行き場のなかった保護犬たちが人と幸せに暮らせるよう訓練し、新たな家庭を見つける手助けをすることが、彼ら自身の回復と成長につながるであろうことは想像に難くありません。

私はこのプログラムの立ち上げにかかわり、第一期に参加した三人の少年の取材もしました。そのうちの一人は、当時一九歳だったリョウ(仮名)です。彼は幼いころから継父の暴力を受けて育ち、人間に対しては固く心を閉ざしていました。プログラムの半ばまでは、「人のことは信じてないし、信じてほしいとも思いません」と、にべもなく断言するほどでした。

ところが、リョウが訓練を担当したロンという一匹の犬が、そんな彼の厚い心の殻をこじ開けたのです。茨城のシェルターで保護されていたロンがどこでどうしていた犬なのか、ヒストリーはまったくわかりません。でも、人を信じる心を失っていなかったロンは、そのクリクリした目でリョウをまっすぐに見つめ、やがて彼を信頼しておなかを見せるようになりました。

「ロンの毛をさわってると、温かさっていうか、愛しさっていうか……そういうのを感じるんです。保護犬がこんなにかわいいって知らなかった」

ロンのことを話すときのリョウの表情は、やさしく慈愛に満ちたものでした。最初のころは石のように無表情でしたが、やがて他の参加者や法務教官（少年院や鑑別所で教育を担う専門職の人々）に対する表情もすっかり柔らかくなり、プログラムが終わるころには満面の笑みまで見せるようになったのです。八街少年院を出院するころには、「その人が信用できるのかどうかあまり最初から身構えず、まずはつきあってみようと思えるようになった」と話すまでになりました。リョウの変化は、彼自身が成人に近づき成熟していく時期にGMaCプログラムがうまくフィットした、ということもあるかもしれません。それでも、一頭の犬が、あれほど頑なに人を拒絶していた少年をここまで大きく変えたことに、あらためて人の心を開く動物の力を

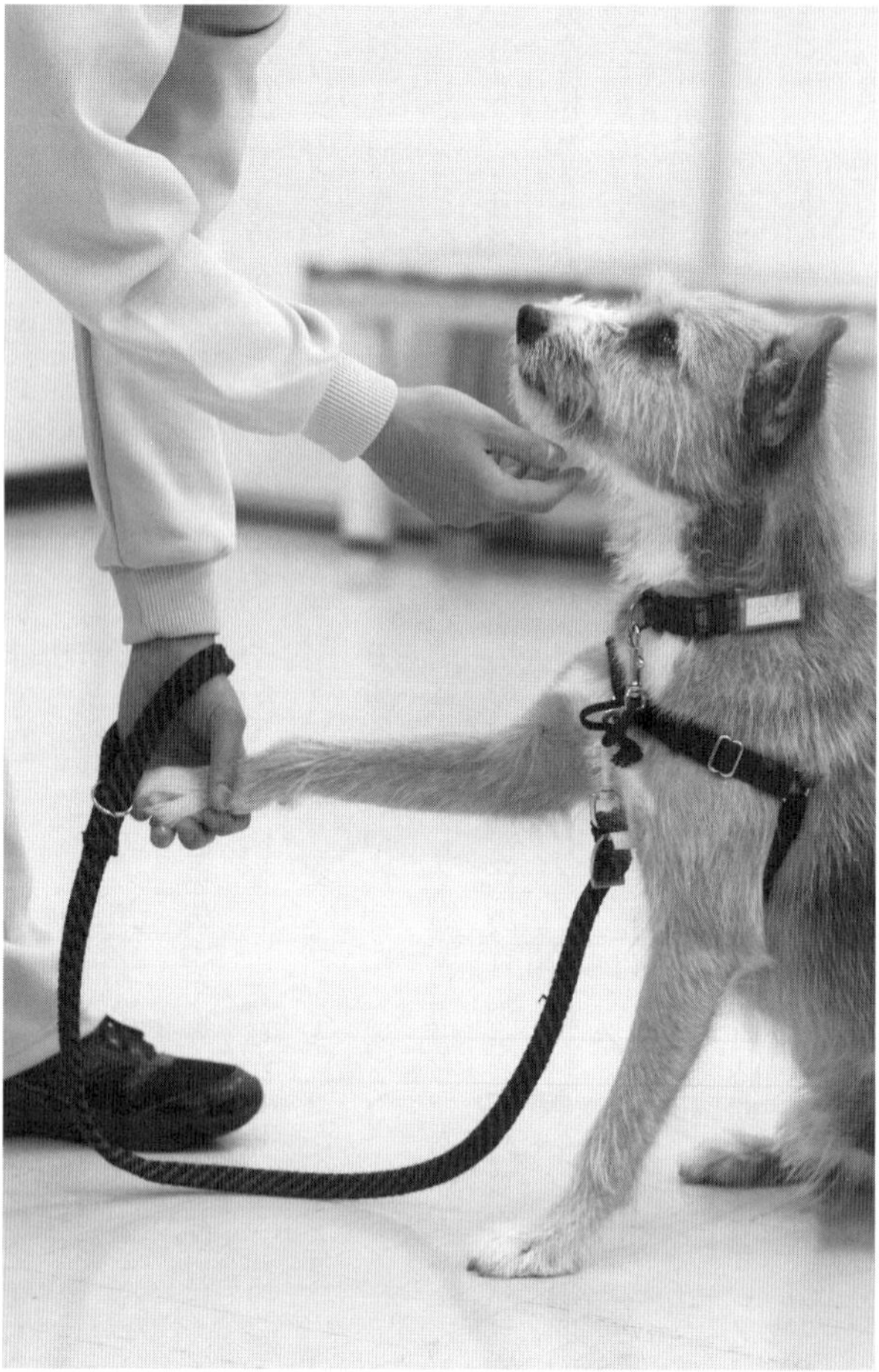

リョウと「シェイク」(お手)を練習するロン

感じずにいられません。

ＧＭａＣは二〇二二年一一月、第一七期が終了し、第一八期が始まっています。これまで五一人の少年と五一頭の犬がプログラムを修了しました。少年たちのトレーニングを受けた犬たちのほとんどが、すでに新たな家庭に迎えられています。

地域の課題解決と3Re-Smileプロジェクト

３Ｒｅ‐Ｓｍｉｌｅ（以下、スリースマイル）プロジェクトは沖縄県の「成犬譲渡促進事業」の一環として、二〇一九年に始まった沖縄女子学園の動物介在プログラムです。「成犬譲渡促進事業」とは、子犬に比べてもらい手が見つかりにくい成犬の譲渡を増やして殺処分を減らそうと、二〇一六年度から二〇二〇年度にかけて沖縄県が五か年計画で実施した取り組み。動物愛護管理センターの収容期限が切れた犬のうち、問題行動があり、センターの譲渡会に出せない犬のトレーニングを児童福祉施設や少年院にいる子どもたちに手伝ってもらい、その犬の魅力を高めると同時に、子どもたちの情操教育にも寄与しようというもので、沖縄県公衆衛生協会が県からの委託を受けて事業を実施しました。この事業自体は終了しましたが、その後も沖縄女子学園はスリースマイルプロジェクトと名づけた活動を独自に継続しています。

3Re-Smileの意味は、Reduce＝犬の殺処分を減らす、Rehabilitate＝生徒の社会復帰、Return＝地域に恩返しをする。そこに、犬も生徒も地域の人々もみんなが笑顔になりますように、という願いを込めて、「スリースマイル」（三つのスマイル）を併せたネーミングです。

沖縄女子学園は少人数のとてもアットホームな少年院で、年に一度、一人の生徒と一頭の犬で、約三か月半のプログラムを実施しています。インストラクターとして少年院と二人三脚でプログラムをおこなっているのは、特定非営利活動法人おきにゃあわんネットワークの理事長で、家庭犬しつけインストラクターでもある宮城直子さんです。殺処分される犬や猫を減らそうと、適正飼養の啓発活動や保護活動をおこなっています。二〇一九年の開始以来、二〇二二年までに、四人の少女と、マチ、テテ、イチ、ルナという四頭の保護犬が参加しましたが、すべての犬に無事譲渡先が見つかり、新たな家庭に迎えられました。また、二〇二三年二月には、第五期プログラムも始まっています。

ともに寝起きして保護犬と絆を育む

初代のプロジェクト犬は、マチという推定一〜二歳ぐらいの中型のミックス犬（雌）でした。とてもかわいいのですが、臆病で落ち着きがなく、吠える（とくに男性に対して）、唸る、飛びつくといった問題行動があるためなかなか引き取り手が見つからず、一年近くも動物愛護管理センターにいました。

そのマチを担当した奈緒さん（仮名、当時一七歳）は犬を飼ったことがなく、最初ははたして自分に犬のトレーニングができるのか不安だったそうです。しかし一か月半ほどすると、自分が自信を持って接すればマチにもそれが伝わることがわかり、また、いっしょに寝起きしたことで、マチとの絆が劇的に深まりました。

スリースマイルプロジェクトの特徴は、短期間ではありますが、生徒と犬がいっしょに生活する機会を設けていることです。週二回、一回五〇分のトレーニングだけでは、犬と生徒の信頼関係が十分には築けないのではないかということで、空いている寮を一般家庭に見立て、そこで生徒と犬が二泊三日ともに過ごす「ショートステイ」と呼ぶ試みを三回実施しています。この試みは大成功で、ともに寝泊まりすることによって犬と少女の距離が一気に縮まり、大きな変化が生まれたようです。

「マチは、前は、尻尾はふってくれるけど、飛びついてはこなかった。それが、私に向かって走ってくるようになった。男の先生に吠えたりしていたのもなくなった。私が絶対安全な人で、絶対私に守ってもらえるってわかったから。嬉しかったです」と奈緒さん。

マチは奈緒さんを信頼し、奈緒さんの目を見てコマンドに従えるようになりました。室内の決められた場所で排泄することも覚え、奈緒さんが授業に行っている間は一人で静かにお留守番ができるようになったそうです。

奈緒さんのほうも、マチの排泄のタイミングを察知できるようになり、まるで母親のようにかいがいしく世話をするようになって、法務教官の先生が「これはまさにペアレンティング・レッスンだね」と感心したほどです。

初年度のプログラムを締めくくる閉講式の際は、マチの新しい家族になるご夫婦や動物愛護管理センターの職員など地域の人たちも出席し、奈緒さんの手から直接新しい飼い主にリードを渡すことができました。閉講式の前には新しい飼い主さんたちに少年院まで来てもらい、奈緒さんがマチの癖や好きなこと、トレーニング方法などを直接伝授しました。

残念ながら、コロナ禍により、初年度以降はこの交流はおこなわれていないのですが、おそらく状況が許せば再開されることでしょう。どんな地域のどんな施設でも同じようにできるわけではないと思いますが、少年院を出たあと地域コミュニティの中に戻っていく少女たちの社会復帰を支援するうえで、非常に意義のある試みだと思います。

マチと奈緒さんのトレーニングの様子

自分も誰かの役に立てる

新しい飼い主さんにマチのリードを渡したあと、大泣きしてしまった奈緒さん。その後、彼女に話を聞かせてもらいました。じつはかなり粗暴で、攻撃的だったという奈緒さんは、以前は人に見下されたくない、力で解決したいと思っていたそうです。でも、「犬に対してはそういうわけにいかない。やさしい気持ちで接するしかない。泊まりのときはマチのお母さんになりきってました」と、柔らかな笑顔を見せました。

「いままで人に認められたことがなくて、何やってもだめなんだと思ってたけど、私でも誰かの役に立てるんだと思えた。自分に自信がつきました」

奈緒さんのその言葉を聞くと、このプログラムでも、やはり保護犬の命を救うことがセルフ・エスティームを築くことにつながっていると感じます。先生たちの評価では、マチとのかかわりのなかで、マチの気持ちを想像したり、マチの幸せを願うという、それまでの奈緒さんにはなかった感性が育ち、他の生徒に対しても、相手の気持ちを考えて行動できるようになったとのこと。

また、第二期のプログラムで、人への恐怖と警戒心が強かったテテという犬を担当した生徒は、困難な家庭環境で育ち、他者を信頼するのがむずかしかったといいます。それが、人をこわがって怯えるテテの姿を見て「ああ、私もおんなじだ」とつぶやき、やがてテテと信頼関係を築いていくうちに、自分も人とつながりたいと思えるようになったそうです。

地域社会とのかかわり

スリースマイルプロジェクトの三つ目のスマイル、地域社会には、どのような変化があったでしょうか。このプロジェクトはメディアの注目を集め、沖縄県内を中心とする新聞・テレビ・ラジオなどに大きく取り上げられました。おそらく県の公共の事業に少年院が協力を買って出た、というプロジェクトのスキーム(枠組み)もプラスになったでしょう。報道をとおして、地域社会の人々の少年院や在院生に対するイメージが好転し、新聞の読者から匿名で激励のはがきが届いたこともあったそうです。私が直接話を聞いた初代マチの新しい飼い主さんたちも、奈緒さんとの共同訓練を経験し、暗くて険しい雰囲気だろうと思っていた少年院のイメージががらりと変わったと話していました。

奈緒さんは出院前、動物愛護管理センターで一日ボランティアをし、保護された犬や猫のケージを清掃するという経験もしました。これもまた、奈緒さんと地域の人々双方にとって貴重な交流の機会になったでしょう。

スリースマイルプロジェクトにかかわる法務教官の先生たちは、このプロジェクトの大きな意義の一つとして「ソーシャル・インクルージョン（社会的包摂）」を挙げています。地域社会から孤立した存在だった生徒が、犬の殺処分を減らすという地域社会の課題に貢献することで、社会の一員としての自覚を持ち、自分も社会の役に立ちたいと思えるようになった。それを知った地域の人々は、少年院の生徒に対してより肯定的なイメージを持つようになった。そして、保護犬のほうも、家庭犬として地域に居場所を得ることができた——。このようなポジティブな循環が生まれることにより、それまで疎外されていた生徒と保護犬が社会の一員として受け入れられ、包み込まれていくというのは、まさに「ソーシャル・インクルージョン」の実現といえるでしょう。

スリースマイルプロジェクトはその名称のとおり、保護犬、少年院の生徒、地域の三者にとってウィン・ウィンとなることをめざしています。もともと公共の事業の一環として始まり、沖縄県庁や動物愛護管理センターなど関係者も多いだけに、地域と少年院をつなぐ架け橋としての大きな可能性を持っており、今後の発展がとても楽しみなプログラムです。

3　馬の力を借りた試み

心身に障害のある人を癒すホースセラピー

この本では主に、私たちにとってもっとも親しみ深い動物である犬や猫との絆に焦点を当てていますが、馬のことも忘れるわけにはいきません。馬にも人とともに暮らしてきた長い歴史があります。日本でも、かつては移動の手段として、あるいは農耕や運搬や戦闘のための労働力として人間を助けてくれた馬は、人間社会になくてはならない重要な存在でした。近代化・都市化が進んだ現代の日本人にとってはあまり身近な動物ではなくなったものの、近年では人の心身を癒す存在として、新たな活躍の場が広がっています。「ホースセラピー」や「障害者乗馬」という言葉を聞いたことがある人も、多いのではないでしょうか。

乗馬にリハビリ効果があることは古くから知られ、活用されてきました。紀元前五世紀、古代ギリシャの時代にはすでに負傷兵の治療のために乗馬を利用していた記録が残されているそうです。馬に乗ると、馬の動きに合わせて上下左右に腰が動き、よいリハビリになること。平衡感覚が向上し、体幹が鍛えられて姿勢もよくなること。その結果、よりよく呼吸ができるようになり、身体の循環機能も高まっていくこと。また、人間より高い馬の体温に触れることで緊張が和らぎ、血行がよくなるなど、じつにさまざまな効果があることがわかっています。

日本で一般的に「ホースセラピー」と呼ばれているものは、国際的には「障害者乗馬」や「治療的乗馬」と呼ばれ、一九六〇年代〜七〇年代に確立されて以降、イギリスやドイツ、アメリカやカナダなどの欧米諸国を中心に盛んにおこなわれてきました。馬のリズミカルな動きに合わせて乗馬をすることで、身体機能の回復や向上をはかったり、馬とのかかわりを療育に活かしたりするなど、医療のみならず、教育や心理にも幅広く応用されています。

日本での歴史はまだ比較的新しく、始まったのは一九八〇年代後半、本格的に広がり始めたのは一九九〇年代です。日本では主に脳性まひなどの肢体不自由の人、自閉症や多動性障害などの子どもへの動物介在療法としておこなわれています。

馬という動物の特性

第2章で紹介したグリーン・チムニーズやわすれな草農場では、子どもたちの多くが馬に惹きつけられ、馬との関係を特別なものと捉えていました。馬による動物介在療法や活動の専門家であるグリーン・チムニーズの木下美也子さんは、なぜ馬とのかかわりが子どもたちにとっていいのか、つぎのように語りました。

「馬は人間の感情を敏感に察知し、反応します。子どもたちがイライラしたり、怒ったりしていると、それを受けてパッと身を引いてしまう。耳を後ろに向けたり、離れていったり、自分が不快だということを、子どもにもわかるほどはっきり表す。犬は嫌なことをされてもがまんしてしまうけれど、馬は嫌なら嫌と言う動物。そういう馬とのかかわりは、子どもたちに自分と相手の関係について教えるいい機会になるんですよ」

獲物として狩られ、捕食される側の動物(プレイ・アニマル)である馬は、捕食者(プレデター)である私たち人間にはない感性や習性を持っています。馬は常に周囲に気を配り、わずかでも危険を察知したら瞬時に逃げるサバイバル本能を失っていません。人間が無意識に発しているボディランゲージなど非言語のサインにも敏感に反応するため、馬は人の心を映す鏡のようだとも言われます。

さらに、長く人間に飼われてきたとはいえ、人間と馬の関係は基本的にはプレデターとプレイで、両者の間に自然に信頼関係が生まれるわけではありません。馬と関係を築くためには、人間のほうが馬の特性やボディランゲージによるコミュニケーションを理解し、馬に信頼される努力をする必要があります。しかも、馬は体重五〇〇キロもあるパワフルな大型動物です。

それだけに、馬に受け入れられたときの喜びもまた格別で、グリーン・チムニーズやわすれな草農場の子どもたちが馬との関係を、犬や猫とはまた違う特別なものとして見ていたのもうなずけます。

馬を介在した心理療法

近年、欧米では、前に書いたような馬の特性を生かし、馬の力を借りた心理療法（Equine-Assisted psychotherapy＝ＥＡＰ）や、馬とのかかわりをとおして自己への気づきや成長を促す学び（Equine-Assisted Learning＝ＥＡＬ）などが盛んにおこなわれるようになりました。ＥＡＰを治療に取り入れるセラピストも増えており、薬物依存、摂食障害、ＤＶ（被害者も加害者も）、ＡＤＨＤ、ＰＴＳＤなどの治療や、戦場からの帰還兵のセラピー、関係性を扱うファミリーカウンセリングなどに積極的に活用されています。また、ＥＡＬはチームビルディングに役立つとして、職場研修に取り入れる企業も増えているようです。

二〇〇〇年ごろから急速な広がりを見せるＥＡＰ／ＥＡＬは、アメリカに本拠を置くイアガラ（Equine-Assisted Growth and Learning Association＝ＥＡＧＡＬＡ）やパス（Professional Association of Therapeutic Horsemanship International＝ＰＡＴＨ）などの団体が資格認定制度を設け、質の向上に

努めています。日本でも、島根あさひ社会復帰促進センターでイアガラの認定を受けたチームが「ホースプログラム」をおこなってきました(後で詳しく紹介)。

薬物依存からの回復をめざして

アメリカのワシントン州にある「アニマルズ・アズ・ナチュラル・セラピー」(以下、ANT)では、イアガラやパスの手法を取り入れつつ、さまざまな困難を抱える子どもや少年少女のための独自のプログラムを提供しています。その一つは薬物依存からの回復をめざす一〇代の少女たちを対象にした「ニュー・ホライズンズ」というプログラムです。私は二〇〇八年から数年にわたってANTに通い、馬とのかかわりのなかにはじつに多くの学びがあることに目を開かれました。少女たちは週一回、馬、ヤギ、ウサギ、犬、猫、ニワトリなどさまざまな動物たちが暮らすANTの農場にやってきます。九か月間の治療中は治療施設で生活しなければならず、途中で家に帰ることはできません。

彼女たちの多くに共通するのは、セルフ・エスティームが低く、嫌なことにもノーと言えないこと。親にかえりみられなかったり、虐待を受けたりした経験から、人を信頼するのがむずかしく、助けを求められないこと。プログラムの目的は、そんな少女たちが馬とのかかわりをとおしてセルフ・エスティームを高め、信頼、リスペクト（尊重）、適切なバウンダリー（心理的境界線）や自己主張、コミュニケーションなどを学んで、人とのあいだにも健全な関係を築けるようになることです。

馬に受け入れられるということ

では、プログラムでは、馬とどのようなワークをするのでしょうか。

ANTのプログラムのほとんどを占めるのは、馬上ではなく、地上でおこなうグラウンドワークです。まずは厩舎の清掃や動物たちへの餌やりなどの農場作業をしたあと、自分の相方となる馬の体をていねいにケアします。四本の脚の蹄《ひづめ》の裏を掃除し、全身をブラッシングし、それから馬具を付けるのですが、これが言うほど簡単ではありません。馬は相手を信頼していないかぎり、逃げるのに必要な前脚をすんなりとは上げてくれないため、前脚の蹄の手入れはとくに大変なのです。ANTには虐待やネグレクトから保護された馬も少なくないため、信頼の構築にはさらに時間がかかります。

ある少女の馬は、最初はどうしても前脚を上げてくれませんでした。彼女は相手が自分の言うとおりにしてくれないフラストレーションで、ほとんど泣き出しそうでした。でも、あきらめず、ボランティアのアドバイスでやさしく馬の肩をマッサージしているうちに、突然馬が前脚を上げたのです。

「私の気持ちが通じた！」その瞬間、少女は嬉しさと誇らしさで顔を輝かせました。

一方、馬上でのプログラムではこんなこともありました。もうすぐ治療プログラムを終え、家に帰るという別の少女。彼女の最後の乗馬の最中、馬が突然止まってしまい、頑として動かなくなったのです。馬は彼女の心の状態を読み取り、その場に止まってしまったようでした。

そのとき、ANTの創設者のソニア・ウィンガードは、馬上で戸惑う少女にこんな問いかけをしました。

「あなたの夢は何？」

「ドラッグをやめること」と少女。

「それだけじゃ足りないわ。あなたにはもっと何か必要よ」

「お母さんにドラッグをやめてもらいたい」と少女は言いました。彼女の母親も薬物依存の問題を抱えています。

ソニアはさらに聞きます。「自分のための夢は？」。

「誰かに愛してもらいたい……」。そう言って、少女はわっと泣き出しました。

ソニアは「誰かじゃなく、あなた自身が自分を愛さなくちゃ」と言い、こんなふうに少女に語りかけました。

「前を見て。あなたはもうすぐプログラムを卒業するのよ。未来に向かって進む自分をイメージして、馬に指示を出してごらん」

その後少女が馬に「ゴー」の指示をすると、馬はすっと歩き始めました。そして、馬と少女はそのまままっすぐ広大な馬場の端まで歩き続けたのです。少女の心が未来（前方）にシフトしたことを馬は敏感に感じ取り、応えたのでした。EAPでは、このようなことがよくあります。馬は人の心を読めるのではないかと思うほどです。

この少女の馬は、頑固で、自分の思いどおりにならないと暴れるサンダンスという馬でした。なぜそのような馬を自分の相方に選んだのか聞くと、「むずかしい馬だと聞いたから。私とよく似ていると思って」と少女は答えました。二か月かけて初めてサンダンスの前脚の蹄を掃除することができたときは、ほんとうに嬉しかったといいます。

「サンダンスのおかげで、私は辛抱強くなった。サンダンスがストレスを感じていればわかるようになったし、なんでもすべて一人で解決しなくちゃいけないと思い込んでいたのが、助けてって言えるようになった」

蹄を掃除しようとする少女を励ますソニア

最後のプログラムが終わり、農場を去るとき、彼女は大きな声で叫びました。

「さよなら、サンダンス。愛してるよ！」

この少女たちの体験には、どんな意味があるのでしょうか。馬が前脚を上げてくれたとか、指示したとおりに歩いてくれたとか、個々のできごとだけを見ればたいしたこととは思えないかもしれません。でも、馬のような大きくてパワフルな動物に受け入れられたことは、たしかに彼女たちにとって勇気や自信をつけるエンパワーメントになったはずです。ANTのプログラムでは、このような馬とのエンパワーメントの体験を積み重ねることによって、少女たちのセルフ・エスティームを高めていきます。そして、適切に自己主張したり、自分のバウンダリーを築けるようになることで、少女たちはよりよく自分の身を守れるようになっていくのです。

じつは私にANTのことを教え、見に行くよう勧めてくれたのは少年裁判所の判事でした。ともすれば自分を危険にさらしてしまいがちな少女たちを力強く成長させる馬の力に、裁判官も注目していたことが印象的でした。

馬をとおして自分を知るイアガラ・モデル

盲導犬パピー育成プログラムをおこなっている島根あさひ社会復帰促進センターでは、開設当初から「ホースプログラム」もおこなっています。最初の数年間は馬の世話と乗馬が主体で、馬とふれあう動物介在活動に近いものだったのですが、二〇一二年、EAP／EALをおこなうイアガラ・モデルを取り入れることになりました。ホースプログラムを担当する民間職員たちに私もサポートメンバーとして加わって研修を受け、イアガラ・モデルをもとにつくった島根あさひセンター独自のプログラムを実施しています。

イアガラ・モデルとは、どのようなものでしょうか。そのコンセプトを一言で言うと、「馬とのかかわりをとおして自分を知る」というものです。イアガラ・モデルでは、セラピスト、馬の専門家、馬の三者が一つの治療チームとなり、クライアント（セラピーを受けに来た人）と馬のかかわりをとおして、その人の抱える問題への解決方法を見出していきます。馬は人間に使われるツールではなく、治療チームにおける同等のパートナーとして位置づけられています。

イアガラでは乗馬はしません。馬には鞍《くら》も付けず、裸馬の状態で、自由にさせます。典型的なセッションの一つは、クライアントが「人生における課題」を与えられ、いっさいの手助けなしで、自分のやり方でそれに取り組むというものです。アメリカでおこなわれているセッションの具体例を見てみましょう。

家族間に対立や葛藤を抱える、ある家族がEAPを受けに来たとします。セラピストはその家族に、「みんなで協力して、馬(家族が三人だとすると、馬も三頭)を馬場の端に集め、人生の障害に見立てたバーを越えさせる」という課題を与えます。どのようにやるかというヒントは出しません。ときには、お互いに口をきいてはいけないとか、手を使ってはいけないとか、さまざまな条件を付け加えることもあります。

ここで馬の専門家の役割は、馬たちが人間たちの動きにどのように反応するかをつぶさに観察し、それを参加者に指摘することです。群れで暮らし、人間社会と似たようなヒエラルキーや役割を持っている馬は、まるで鏡のように、人間たちの関係性をそのまま自分たちの動きに反映します。たとえば、三人家族のうち息子と母親がべったりで父親が孤立しているとしたら、馬も二頭と一頭に分かれて行動するのです。誰に教えられなくても、それを感じ取れる馬の鋭敏な感性には驚かされます。

セラピストの役割は、なぜ馬がそんな動きをしたのかをクライアントに考えさせるような質問をすることです。つまり、馬のさまざまな動きの中からメタファーを拾い上げ、適切な質問をすることによって、彼ら自身に自分たちの関係性に気づいてもらうようにします。「馬とのかかわりをとおして自分を知る」よう促すのです。

馬を介したメタファーを使うことは、イアガラ・モデルのもっとも重要な柱の一つです。たとえば、あるクライアントが馬たちの様子を見て「あの馬は他の馬からいじめられている」と言うとしたら、それは、過去にその人が経験したトラウマのメタファーかもしれません。イアガラの創始者であるリン・トーマスによると、セッションでは、クライアントがそれまで誰にも話していなかった被害体験が浮かび上がることもしばしばあるそうです。

メタファーを使うことで、クライアントはトラウマになったつらい体験と心理的な距離を置くことができます。しかも、セッションでは過去の記憶をたどるのではなく、いま、ここで、馬をとおしてその体験に向き合うことにより、新たな見方や対処の仕方を見つけることが可能になります。このようなことから、近年ＥＡＰはペイジ・ウォーカー・バックなど欧米のソーシャルワークの研究者たちからも、トラウマケアの新たな可能性として注目されています。

島根あさひ社会復帰促進センターのホースプログラム

イアガラ・モデルを取り入れた島根あさひセンターのホースプログラムは、どのようにおこなわれているのでしょうか。ここでもプログラムの目的は、馬とのかかわりをとおしてよりよく自分を知ることです。犯罪に至った原因を他者からの誘惑、経済的困窮、人間関係のトラブルなど外に求めがちな人が多いなか、自分の内面に目を向け、自分の物の見方や行動パターンに本人が気づくことをめざします。対象者はプログラムに参加して自分を変えたいとの意志を持ち、なおかつ過去に大きな被害体験をしている訓練生です。トラウマケアとしての効果が期待されることから、虐待などの被害体験の質問を項目化したACE(Adverse Childhood Experiences 逆境的小児期体験)のスコアが高い人を選定するようにしています。

プログラムは実際に馬と向き合う馬場での授業七回と、教室での授業五回の合計一二回。一クールを約三か月かけておこないます(年二クール・四グループ)。馬場では、「安全」「尊重」「人生の欲求」などのテーマで馬にかかわる課題を設定し、訓練生に取り組んでもらうのですが、もちろん課題のやり方はいっさい教示しません。たとえば「尊重」では、訓練生に「馬に尊重(リスペクト)を示してください」、次は「馬の注意を自分に向けさせてください」と伝え、それぞれのやり方で自由に取り組んでもらいます。そして、その人がどのように馬にかかわるのかを観察し、適切な質問を投げかけることで、本人自身が自分の行動パターンに気づくよう促していきます。

馬場での授業と教室の授業は交互におこない、教室では馬場で扱ったテーマをさらに掘り下げます。たとえば、「尊重」というテーマなら、過去に自分が尊重されている(あるいは尊重されていない)と感じたことはあったかなど、テーマにかかわる経験を具体的に振り返るような質問を投げかけ、グループワークをとおして深めていきます。

ちなみに、イアガラ・モデルのセッションは馬場のみでおこなわれ、このようなワークをすることはありません。これは島根あさひセンター独自の方式です。一般社会でおこなわれるセラピーであれば、クライアントが回復したと感じられるまで続けることができますが、刑務所ではそれぞれの訓練生の刑期や刑務作業などとの兼ね合いがあるため、全一二回のプログラムに収めざるを得ません。限られた時間でできるかぎり訓練生が得た気づきを深め、強化するための工夫として、教室の授業は重要なプログラムの一部となっています。

刑務所のプログラムの場合、その人がどれだけ回復したのか、社会復帰したあとどうなったのかを追跡調査することもできません。それでも、イアガラでは"Trust the process."という言葉をよく使います。それは、いまはわからなくても、いつか成果が現れることを信じなさい、というような意味です。これは第1章で、立教女学院小学校の教頭だった吉田太郎先生が学校犬の効果についておっしゃっていたことにも通じます。他の多くの動物介在プログラムと同様、ホースプログラムでもすぐに成果が目に見えるわけではありませんが、馬とのかかわりをとおして得た気づきが変化への一歩となることが期待されています。

馬が馬らしくいることがセラピーに

イアガラは一九九九年に設立されて以来、EAP／EALを主導してきた団体の一つで、現在四〇か国に展開しています。私がイアガラのことを知ったのは二〇〇九年ごろではないかと思いますが、心を惹かれた理由の一つは、「馬が馬らしくいる」ことがセラピーに役立つという点でした。

ANTでもそうでしたが、イアガラのプログラムに参加する馬たちは非常に多様です。ホースショーで入賞するような立派な馬もいる一方で、虐待やネグレクトにあって保護されたり、高齢やけがのため乗馬やショーには適さないとされる馬も多くいます。でも、イアガラでは、そのような「使い途《みち》がない」と見なされる個性的な馬たちこそが、最高のセラピストになると考えます。馬たちは人間を乗せる必要もなく、ただ自分らしくふるまうだけで、多くの気づきを人にもたらしてくれるのです。

今後日本でもEAP／EALが広まっていけば、引退した競走馬など行き場のない馬の活躍の場が増えるかもしれません。すでに滋賀県栗東市《りっとう》や島根県益田市では、引退した競走馬を引き取り、子どもの療育や福祉作業所などで活用する試みが始まっていると聞きます。いつかイアガラ・モデルも、馬たちの力が活かされる場の一つとなってほしいものです。

第4章
人のために働いてくれる犬たち

櫻井洋子さんと盲導犬トリトン

1　障害のある人に寄り添う

補助犬とは、視覚障害のある人が安全に歩けるようサポートする「盲導犬」、身体に障害のある人の日常生活を手助けする「介助犬」、聴覚に障害がある人に必要な生活音を知らせる「聴導犬」のことをいいます。それぞれの役割を果たすための特別な訓練を受けて、認定された犬たちです。

補助犬は人が好きで、集中力があり、周囲の状況に動じにくいなどの性質を持ち、健康や体力の面でも適性のある犬が注意深く選ばれます。もしその犬が、活発すぎるとか、人見知りであるとか、他の動物が苦手など、何らかの理由で補助犬としての仕事や生活に向いていないと判断されれば、一般家庭のペットになる、公共の場には同伴せず家での作業だけをしてもらう、盲導犬ではなくセラピー犬になる、あるいは介助犬ではなく聴導犬になるなど、それぞれの資質に合った活躍の場に「キャリアチェンジ」することになります。そのため、補助犬として訓練を受ける犬のうち、実際に介助犬になるのは約三割、盲導犬の場合は三〜四割、聴導犬は三割弱ほどといわれています。

日本では二〇〇二年に身体障害者補助犬法が制定され、障害のある人が補助犬を連れて公共の場に行く権利が保障されました。それから二〇年が経過した二〇二二年一二月末現在、盲導犬が八四八頭、介助犬が五三頭、聴導犬が五八頭、日本国内で実働しています。

まずは、補助犬とともに生き生きと暮らす人たちをご紹介しましょう。

盲導犬がくれる安心

櫻井洋子さんは、マッサージ師として働くかたわら、NPO法人劇団はーとふるはんどという手話劇団に参加し、盲導犬とともに舞台に立っています。視力は光を感じる程度で、強度の難聴がある盲ろう者です。二〇一六年に、障害のある人もない人もいっしょに舞台に立つこの劇団に参加して以来、二代目の盲導犬スカイ、そして現在の三代目の盲導犬トリトンと活動してきました。

櫻井さんは三四歳のころ、アッシャー症候群という視力と聴力が低下する難病を発症。やがて失明すると言われ、努力の末に鍼灸《しんきゅう》マッサージ師の資格を取得し、治療院に勤めました。ところが、あるとき、仕事に行くため駅のホームに立っていたところ、走ってきた人にぶつかられて転落し、大けがを負います。それ以来、駅のホームに立つと恐怖で身がすくみ、電車に乗れなくなってしまいました。やっと白杖《はくじょう》歩行に慣れ、手に職もつけ、これからどんどん社会に出ていこうとしていたところだったのに……。櫻井さんはまたすべてが振り出しに戻ってしまったかのような絶望感に襲われ、家事も何も手につかない日々を過ごします。

初めて盲導犬という選択肢が浮かんだのは、そのころでした。「盲導犬っているよね」という友人の言葉を聞いた櫻井さんの夫がすぐさま公益財団法人日本盲導犬協会に申し込みをし、面接に行くことになったのです。じつは櫻井さんは子どものころ犬にかまれた記憶があり、犬は苦手だったそうです。でも、盲導犬といっしょなら、また電車に乗れるようになるかもしれないと、盲導犬と歩く決意をしました。櫻井さん四七歳のときでした。

日本盲導犬協会から貸与を受けた初めての盲導犬は、アンソニーというどっしりした白のラブラドール・レトリーバー。常にアンソニーがそばにいてくれる安心感は、とても大きかったといいます。あれほど怖かった駅のホームも、アンソニーが自分を線路に落とさないよう踏ん張ってくれているのがわかり、ようやく恐怖心を克服することができました。盲導犬といっしょだと、目が見えなくなる前と変わらないスピードで歩けることにも感激しました。

山小屋で働くなど、もともと活動的だった櫻井さんは、ダイビングやロッククライミングにまたチャレンジしたり、盲導犬の啓発活動に飛び回ったりと、再びアクティブな生活を送るようになります。

スカイとなら歩ける

でも、九年後の二〇一三年、アンソニーが一一歳で引退したとき、櫻井さんは二頭目の盲導犬を持つかどうか迷いました。病状がさらに進行し、補聴器をつけていても聞こえづらくなっていたため、もう盲導犬と歩くのは無理なのではないかと思ったのです。

でも、スカイというホワイトシェパードの盲導犬がいると聞き、また希望が湧いてきました。スカイは真っ白で大型なので、車など周囲からも見やすいうえ、音の感受性も高かったため、スカイとなら安全に歩けそうでした。

「スカイは私にとっては奇跡の盲導犬です。アンソニーの引退後、盲導犬はもうだめかと思っていましたから……」

再び頼もしいパートナーを得て、櫻井さんはお芝居という新たな世界にも踏み出し、スカイとともに舞台に立ちます。そんな櫻井さんを、スカイは稽古中も全身を目にして見守っていたそうです。櫻井さんが「一に私、二に私、三に私だった」というほど、誰よりも何よりも櫻井さんを想い、寄り添ったパートナーでした。

ところが、二〇二〇年六月、スカイは病気で突然この世を去ってしまいます。すでに九歳を超え、引退が近づいていたとはいえ、スカイは現役の盲導犬。心の準備もないままに、突然パートナーを失った櫻井さんの悲嘆はどれほどだったでしょう。コロナ禍でスカイの闘病に付き添えなかったことも、大きな心残りでした。スカイが茶毘《だび》に付されるときには、まるで自分自身の身体を焼かれてしまうかのような痛みを感じ、スカイの身体にしがみついて「やだ！　やだ！　私を置いていかないで～」と号泣しました。二度と、こんなつらい別れには耐えられない。もう盲導犬は終わりにしよう。スカイ亡き後、櫻井さんはそう心に決めたそうです。

それが、その年の秋の盲導犬慰霊式で、心に変化が生じました。訓練士が櫻井さんに「ちょっと歩いてみませんか？」と声をかけたときのこと。名前は聞きませんでしたが、じつはそこにいた三頭のうちの一頭がトリトンでした。久しぶりにハーネスを握ってトリトンと歩くと、身体が盲導犬との歩行を覚えていました。

「別の子と歩いてごめんね」と、心の中でスカイに謝りながらも、櫻井さんは頬に心地よい風を感じながら歩きました。

「そうだ、盲導犬と歩くって、こういうことだった」

目も耳も不自由な櫻井さんは、白杖歩行ではいつ何にぶつかるかわからず、緊張の連続です。そんな櫻井さんにとって、スカイがいなくなってからは、歩くことはもはや楽しいものではなくなりました。仕事に行く以外はほとんど外に出ず、家に閉じこもるようになりました。でも、盲導犬となら、自分らしく歩ける。歩く喜びを取り戻せる。そのことを思い出したのでした。

また、同じころ、友人と旅行に出かけたときも、いつも話しかけていた相手がいないさびしさや心もとなさを強く感じたといいます。身体の横に犬がいるような気がして、つい無意識に手を伸ばし、友人に「エアパートナーがいるみたいね」と言われたそうです。

「やっぱり私には盲導犬が必要なんだ」

そう実感した櫻井さんは、喪失を乗り越え、三たび盲導犬と歩く決心をしました。

三頭の盲導犬と歩む人生

三頭目のパートナーとなったトリトンと暮らし始めて、二年ちょっと。櫻井さんはいま、あらためて盲導犬の存在の大きさを噛みしめています。白杖でもなんとか一人で歩くことはできるけれど、パートナーがいれば、日常のささやかなことが大きな喜びに変わる。うまくいかないことがあっても、今度はこうしてみようと思える。櫻井さんにとって、盲導犬はただ道を歩くだけでなく、人生をともに歩くパートナーなのです。

ときには「盲導犬ってかわいそう」と言われることもあるそうですが、櫻井さんは「お気遣いありがとうございます」と返します。その言葉を聞くとヒリヒリした気持ちにはなるけれど、むしろ啓蒙の機会ととらえ、「そういう皆さんの目があるから、私たちは盲導犬をとっても大事にしています。だから盲導犬は長生きするんですよー」と語りかけるそうです。

実際、盲導犬を始め、補助犬は長生きです。世間には補助犬はストレスが多くて寿命が短いという誤解が根強くあるようですが、たとえば盲導犬の平均寿命は約一三歳(『日本補助犬科学研究』1巻1号)。補助犬として、常に適切な体調管理と定期的な健康診断を受けているおかげでしょう。一二歳ぐらいといわれる一般のラブラドール・レトリーバーよりもやや長寿であることがわかっています。櫻井さんの最初のパートナーだったアンソニーは、一六歳での大往生でした。

「いまトリトンと歩く私の前にはスカイが、スカイの前にはアンソニーが歩いています。まるで数珠《じゅず》つなぎのように。私はいま、三頭の盲導犬に導かれ、人生を歩いています」

櫻井さんが盲導犬と歩くときの足取りは、とても力強く、確かです。

保護犬が聴導犬に

日本で初めて聴導犬の育成が始まったのは一九八一年。現在国内で実働している聴導犬は五八頭(二〇二二年一〇月時点)です。盲導犬や介助犬になるのは主にラブラドール・レトリーバーやゴールデン・レトリーバーなどの大型犬ですが、聴導犬は小型犬から大型犬までさまざまなサイズの犬がいます。保護犬の中から適性を見て選ぶことも多く、ミックスの犬もたくさん活躍しています。

津田塾大学総合政策学部准教授の中條美和さんの聴導犬、次郎も日本犬ミックスの元保護犬です。飼い主のいない母犬に連れられて千葉県の動物愛護センターの敷地に現れた七頭の子犬のうちの一頭だそうで、保護団体に引き出された後、適性を見込まれて、公益社団法人日本聴導犬推進協会に引き取られ、聴導犬となる訓練を受けました。

中條さんは生まれつき聴力が弱く、補聴器を外すとほとんど聞こえません。一対一でのコミュニケーションでは、相手の唇の動きを読み取る口話と、人の音声を文字に変換するUDトークというアプリなどを使います。大学の授業はスライドを多用しながら口頭でおこない、学生からの質問はチャットやメールで受けます。

中條さんが聴導犬を知ったのは、アメリカに留学していたときのことで、大学の先生が聴導犬を連れているのを見て、自分にも聴導犬がいたらいいのではないかと思ったのがきっかけだったそうです。アメリカではずっとその町に住むかどうか状況が読めず、申請に踏み切れませんでしたが、帰国し、住居が定まったところで、日本聴導犬推進協会に申請。二〇一六年に次郎と初対面し、医師、獣医師、言語聴覚士、ソーシャルワーカーなどの専門家から成る第三者機関での審査を経て、次郎との合同訓練に進みました。

聴導犬は人の社会で暮らすための基本的な訓練に加え、玄関のチャイム、お湯が沸いたやかんの音、タイマーの音、赤ちゃんの泣き声、車のクラクション、非常ベルの音などさまざまな音に反応し、人に知らせる訓練を受けます。それらをひととおり終えたら、つぎは聴導犬を希望する人のニーズに合わせたカスタムメイドの訓練を受けます。その人の生活の中ではどんな音が発生し、どんな音を知らせてほしいのか、人によってニーズが違うためです。

中條さんの場合は、自宅、職場(大学)、ふだん買い物に行く場所や食事に行く場所で訓練をおこない、次郎は中條さんが知らせてほしい音がしたときは、そちらのほうを見る、あるいは腕の下に頭を入れて持ち上げるという動作を習得しました。

その後、中條さん自身が訓練士の助けなしでも、犬と自立して暮らせるようになるための合同訓練を八か月ほどかけておこない、二〇一八年に中條さんと次郎は、晴れて聴導犬ペアとな

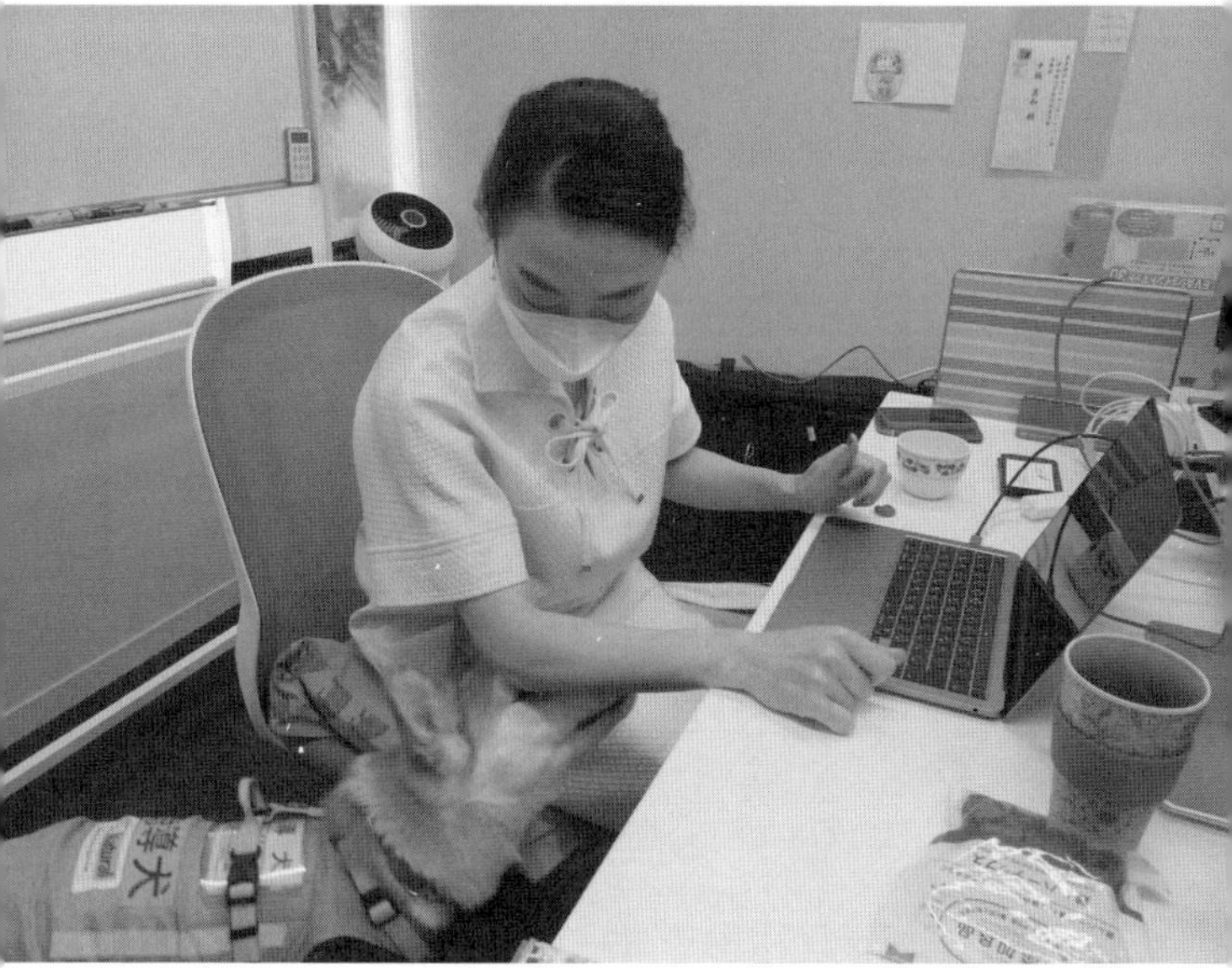

腕の下に頭を入れて持ち上げ，アラーム音を知らせる

りました。

聞こえない人の目印にもなる聴導犬

それから四年。次郎はアラームやインターフォン、冷蔵庫が開いたままになっているときの警告音、洗濯機が終わった音などを知らせるほか、道を歩いているとき背後から自転車や車が近づくと、後ろを振り向いて教えてくれます。たまに何か物音がしたような気がするときがありますが、次郎の様子を見て確認できるので安心できるとのこと。

聴導犬がいることで何より助かるのは、聴覚障害があると周囲に気づいてもらえることです。視覚障害や肢体不自由と違い、聴覚障害は見た目にはわかりません。でも、「聴導犬」と大きく書かれた明るいオレンジ色のケープを付けている犬が傍にいれば、それが目印となり、周囲が中條さんに伝わるコミュニケーションを工夫してくれます。たとえば、以前は病院の待合室では、いつ呼ばれるかと常に緊張していなければならなかったのが、いまは順番が来たら呼びに来てくれるので、リラックスして待っていられるそうです。

聴覚に障害のある人の困りごとのトップは、電車など交通機関での車内アナウンスが聞こえないことだといいます。突然電車が止まっても、聞こえない人にはなぜ止まったのかわかりません。でも、聴導犬がいれば周囲の人が気づき、筆談やジェスチャーで伝えるなどの配慮をしてくれるでしょう。

テクノロジーの進歩により、いまでは煙・火災報知器やサイレン、赤ちゃんの泣き声などの音を検知すると、スマートフォンやスマートウォッチで振動やライトの点滅、メッセージ表示などによって知らせるアプリも登場しています。でも、これらのアプリはその人と社会をつなぐ役割をするわけではありません。

音を知らせるだけでなく、目印となることも、聞こえない人・聞こえにくい人が社会の中で安全に暮らすうえでの聴導犬の大きな役割なのです。そして、目印になることによって、聴導犬は一般の人たちが聴覚障害者の存在に気づくきっかけにもなります。

もっと多様性のある社会を

二〇一八年の厚生労働省の調査によると、日本には三四万人の聴覚・言語障害者(身体障害者手帳を持つ人)がいますが、障害が目に見えないため、社会の中で忘れられがちな存在です。その他にも、身体障害、知的障害、精神障害など何らかの障害のある人は全国に約九四六万七〇〇〇人いて、概算で言うと人口の七・六%にあたります(令和三年版障害者白書)。この社会には、自分が気づいていないだけで、じつはさまざまな不自由や困難を抱えて生きている人々がたくさんいる。それを知ることは、誰もがより生きやすい社会をつくるための重要な一歩です。

「なぜコミュニティの中に障害のある人がいないのか考えてほしい」と、中條さん。たとえば、小学校のころはいろいろな子がいたのに、中学、高校と進むにつれて、似たような人たちばかりになっていく。障害のある人とない人は、進路の段階で道が分けられてしまうことが多い、と感じるそうです。

「もっと多様性のある社会になってほしい」

聴覚障害のある人々が社会で活躍できるようサポートする聴導犬は、きっとその一助になるに違いありません。

自分で考える犬たち

聴導犬がすごいと思うのは、人から指示されなくても、自ら考えて、自発的に動くという点です。介助犬も盲導犬も、犬は人の指示に従って動くように訓練されていますが、聴覚に障害のある人が「いま音が鳴っているから教えて」と犬に指示することはできません。この音はその人に伝える必要がある音なのかどうか、聴導犬自身が判断し(すべての音を伝えていたら犬も人もまいってしまいます）、パートナーに伝えているのです。ちなみに、盲導犬も、危険だと感じたら、たとえ指示があっても進まないなどの判断を犬自らがします。

また、中條さんによると、次郎は中條さんの家族や、よく知っている学生などがそばにいるときは、仕事をしないそうです。自分がやらなくても、代わりに音を知らせる人がいるから大丈夫、と自ら判断しているのです。

このような高度な仕事ができるのは、もちろん生まれ持った資質と、訓練の賜物《たまもの》ではありますが、やはり人と犬の絆の力も大きいのではないかと私は思っています。かつてアメリカでてんかん発作予知犬の取材をしたことがありますが、そのときトレーナーたちに教えられたのは、おそらくは匂いによって、てんかんの発作が起こる直前に予知できる犬はかなりいる。だが、それをてんかんのある人に知らせるという行動をするには、その人との強い絆が必要だということでした。なかには、何の訓練も受けていない普通の家庭犬なのに、飼い主の発作を予知して教える犬もいるそうです。

次郎が中條さんの聴導犬として活躍できるのも、お互いの間にたしかな絆と信頼関係ができているからこそでしょう。次郎は中條さんにとって「同僚」のような存在だそうです。人に話すときは「次郎さん」と、さん付けにするので、知らない人が聞いたら犬だとは思わないかもしれません。その呼び方に、ともに働く聴導犬への思いと敬意を感じます。

介助犬とともに自立をめざす

松山ゆかりさんは、現在二頭目の介助犬サスケと暮らしています。その前はジョイという介助犬と七年半生活をともにしました。サスケは雄のブラック・ラブラドール・レトリーバー、ジョイは雌のイエロー・ラブラドール・レトリーバーです。

松山さんには二分脊椎に加え、いまも診断がついていない進行性の神経性難病があります。一〇歳ごろから手に力が入らなくなり、中学、高校と学年が上がるにつれてますます筋力が低下、鉛筆を持つこともできなくなりました。二三歳のときには歩行が困難になり、車椅子が必要に。最初は手動の車椅子だったのが、やがて電動車椅子へと、徐々に症状は重くなっていきました。しかし、病院で検査をしても原因はわからず、何の病気かもわからないままに時が過ぎていきました。

福祉作業所に通いながら自宅で生活をしていた松山さんでしたが、二六歳のとき、ついに念願だった一人暮らしを始めます。親元を離れて自立するという、みんながやっていることを自分もやってみたいと願ったのです。ところが、入居した住宅は十分なバリアフリーではなかっ

松山ゆかりさんと二代目の介助犬サスケ（写真提供：社会福祉法人日本介助犬協会）

ため、人の手助けなしでは外に出ることもできず、自立とはほど遠い生活になってしまいました。

大学で社会福祉と心理学を学んだ松山さんは、幸い介助犬に関する知識を持っていました。そこで、社会福祉法人日本介助犬協会に連絡し、介助犬を申請。松山さんに合った候補犬との出会いを待つ間、協会は松山さんの住まいの段差を解消するなどバリアフリー化を進め、団地の自治会長の協力で周囲の理解を得るなどして、介助犬を迎える環境を整えました。

ジョイと初対面したのは、二〇一一年六月、松山さんが二九歳のときです。ただ、候補犬とは対面してすぐパートナーになれるわけではありません。人と犬が合同訓練を修了し、認定試験にパスして初めて、介助犬と介助犬使用者のペアとして認定されます。そのためには、犬に何をしてもらいたいのかを明確に指示する、つまり、自分の意志をしっかり持って相手に伝えることが求められます。

ところが、松山さんにとって、これはそう簡単なことではなかったようです。というのは、松山さんはそれまでずっと周囲の人々から「もっとがんばればできるはず」と言われてきました。でも、どんなにがんばっても、できないものはできない。誰も私の大変さを理解してくれない。そんな思いがつのり、人を信じられなくなっていきました。やがて、「なんで私はできないんだろう。もしかしてがんばってないのかな、私」と、自分のことも信じられなくなり、自己肯定感が低下していったのです。

日本介助犬協会の専務理事で医師の高柳友子さんによると、初めて会ったころの松山さんは「アイコンタクトがなかなかできなくて、口数も少ない人」だったそうです。病気の症状や障害の内容は一人一人異なっており、その人が感じている困難も人によってさまざまなので、なかなか周囲に理解されず、松山さんのように深い孤独感を味わう人が少なくないといいます。

でも、介助犬に指示を出すときは、まず犬とアイコンタクトをしてから、「テイク携帯」（携帯を取って）などと伝えなければなりません。ジョイと目を合わせ、明確に指示を出す練習を繰り返すうちに、松山さんはしだいに自分の意図をはっきり伝えられるようになっていきました。そして、二〇一一年九月、見事認定試験に合格。晴れてジョイとペアになりました。

合同訓練に入る前、高柳さんが「介助犬を持ったら一番にしたいことは？」と聞いたときの松山さんの答えは、「近所のコンビニに一人で買い物に行きたい」。着替えるにも、車椅子に乗るのも、ドアを開けて外に出るにも、すべて人の介助を必要としていた日々。それが、ジョイと暮らすようになって一変します。たとえば、以前はベッドから起き上がるのに一時間もかかり、その後は疲れきって外出する気にもなれなかったそうですが、ジョイの起き上がりサポートがあれば、わずか五分でできるようになりました。また、それまでは携帯電話を落としたら一大事と、常に首にかけていたのが、いつでもジョイに持ってきてもらえるようになったので、その必要はなくなりました。一人だったときと違い、介助犬と外出するようになってからは、いろんな人が声をかけてくれるようになったことも安心につながっているとのこと。近所のコンビニどころか、ジョイが来てから三か月後には、新幹線で大分や東京まで旅行することができたそうです。

本来の自分を取り戻す

介助犬を迎えたことで、松山さんの世界は大きく広がりました。それまで通っていた福祉作業所は、介助犬であっても犬は不可というので辞めることになりましたが、それをきっかけに一般就労をめざすことにしたのです。

交通の不便なところに住んでいたため、就職するには運転免許を取得する必要があったのですが、当時の松山さんは車椅子から車の運転席への横の移乗ができませんでした。そこで、高柳さんたちの後押しで初めて本格的なリハビリを受ける決意をし、リハビリセンターに入所。車椅子から車の運転席に移乗できるようになった松山さんは、運転免許取得に挑戦しました。

そしてなんと、一三回試験に落ちたにもかかわらず、一四回目の挑戦で、見事運転免許を取得したのです。「よくめげないね」と言う高柳さんに、松山さんは「だって、ジョイががんばれって言ってますから」と答えていたとのこと。実際、試験に落ちて泣いている松山さんの顔を、ジョイはいつもペロペロなめてくれたそうです。

自分が心から笑っていることに気づいたのは、このころだといいます。

「ジョイと出会って、元の自分に戻れた気がしました」

松山さんのこの言葉には、はっとさせられました。もともとはとても意欲的で、やりたいこともたくさんあった。それなのに、周囲に病気を理解されないことで自分も他者も信じられなくなり、本来の自分を見失ってしまった——。そんな松山さんが「元の自分」や自信を取り戻す手助けをしたのが、介助犬ジョイと、彼女の可能性を信じた日本介助犬協会の人々の支援だったのでしょう。

介助犬の仕事は、肢体不自由の人の「自立」をサポートすること。このように、さらっといってしまいがちな「自立」という言葉ですが、そこにはとても深い意味があると感じます。ただ単に、一人暮らしや一人での外出ができるようになるというだけではありません。その人らしさを取り戻し、さらに新たな潜在能力を引き出していく。そこまで含んだ奥深い言葉なのだということを、松山さんの言葉から気づかされました。

介助犬がいれば、きっとなんとかなる

かけがえのないパートナーだったジョイは、二〇一八年の末、一〇歳半で引退しました。松山さんにとって、ジョイとの別れは非常につらく、身を切るようなものだったようです。ほんとうは最後までジョイといっしょに暮らし、看取りたい。でも、二頭の犬は同時に持てない決まりだから、そうすると次の介助犬はあきらめなければならない。

でも、「もし私がまた以前のような状態に戻ってしまったら、ジョイが悲しむ。ジョイがくれた七年半という時間が無駄になってしまう」。葛藤のあげく、松山さんはジョイを手放し、新たな介助犬を迎える決心をします。

それから四年。ジョイは一四歳になるいまも引退犬ボランティアの元で幸せに暮らしているそうです。そして、松山さんのほうは二頭目の介助犬サスケとともに、ついに「就職して税金を払う」という長年の夢をかなえました。現在は在宅で、ウェブページの制作や事務作業などをしています。

パソコンの前に長時間座り続けると身体に大きな負担がかかります。でも、決まった時間に

散歩に連れていったり、ご飯をあげたり、排泄させたりと、サスケの世話をすることが生活にリズムを生み出しているそうです。「自分だけのことだとおろそかになりがちだけど、守るべき存在がいるというのは、ほんとうに大きいです」と松山さん。

「介助犬がいることで、一番助かるのはどんなことですか？」と松山さんに聞くと、「何かあっても、なんとかなると思えること」という答えが返ってきました。

じつは松山さんは「椎名ひびき」というペンネームで詩作をしている詩人でもあります。「足跡」と題された松山さんの詩をご紹介しましょう。

君と歩いてきた日々／この道にしっかりと／足跡を残して……
この足跡を振り返り／見つめるたびに……／ありがとうと／君の瞳を見つめながら思う
頑張ったよねと語りかける……
また明日も／しっかりと地に足を付けて／足跡を残して／未来の／まだ見ぬ涙するあなたへ大丈夫よ……と／前へ進めるよ……と／伝えるために

松山さんの病気は進行性です。最近は肺活量が低下し、夜横になると苦しくて眠れなくなっためめ、現在は呼吸器をつけて寝ているといいます。その松山さんの「なんとかなると思えること」という言葉の重みは計りしれません。

2　補助犬の可能性

もっと補助犬の受け入れが進むためには

身体障害者補助犬法では、補助犬を同伴する障害者の受け入れ拒否を禁じています。ただ、同伴を拒否しても罰則はなく、いまだに拒否されることがあるのが実情です。私自身も盲導犬を連れた友人と喫茶店に入ろうとしたとき「他のお客様のご迷惑になりますので」と断られ、友人が粘り強く補助犬法の説明をした結果、ようやく隅っこのほうに通された、という経験があります。

同伴拒否がなくならないのは、なぜなのでしょうか。補助犬の普及と障害者の社会参加の推進をめざす特定非営利活動法人日本補助犬情報センターの専務理事で事務局長の橋爪智子さんは、その理由として、「日本では障害のある人について知る機会が少ないからではないか」と話します。たしかに、日本では障害のある子どもの多くが特別支援学級や特別支援学校に進むなど、子どものときから分離され、障害のある子とない子がともに学ぶ場が限られているのが現状です。二〇二二年九月には、国連の障害者の権利委員会から、このような分離した形での教育をやめ、多様な子どもたちがともに学ぶインクルーシブ教育を実現するようにと勧告を受けています。

身体障害者補助犬法の制定から二〇年以上経ち、盲導犬や介助犬など補助犬の認知度は上がったけれど、その補助犬とともに暮らす人のことは知られていない――。そんな現状を変えるためには、やはり教育が重要だと橋爪さんは言います。

「補助犬というと、賢い犬ということで、犬に注目が集まりがちですが、補助犬そのものについて知るというより、補助犬をとおして障害のある人のことを知る、そんな教育が大切だと思います。それをきちんと学校のカリキュラムに組み込んでほしい」

「補助犬は子どもたちが障害のある人のことを知る入口になりうる」という橋爪さんの考えに、私もまったく同感です。犬を介することで、自分とは異なる他者に関心を持つようになる子どももきっと少なくないだろうと思います。橋爪さんたちが教育現場などでおこなう啓発活動では、目や耳や身体が不自由でかわいそう、というそれまでの障害者に対するイメージが、実際に補助犬ユーザーに出会うことによって大きく転換するのを目のあたりにするそうです。

障害のある人への理解が進むことは、補助犬ユーザーだけでなく、私たちの誰もが暮らしやすい社会の実現につながります。子どもたちへの教育を進めるのと同時に、地方自治体などの行政にもぜひ補助犬の普及啓発に力を入れ、同伴拒否をなくしてもらいたいものです。

適性に合わせてキャリアチェンジ

前にも書いたように、補助犬として働くためには、その仕事に適性があり、その仕事を楽しめる犬であることが重要なので、持って生まれた資質や健康面が慎重に考慮されます。

日本介助犬協会では、補助犬には向かないと判断された犬たちの個性を見極め、その犬がもっとも活躍できそうな場にキャリアチェンジさせます。その一つが、障害のある人や子どものいる家庭にキャリアチェンジ犬を譲渡する「With You プロジェクト」です。受け取り手となる人と犬の個性を慎重にマッチングした結果、これまでに二八頭がさまざまな家庭に譲渡されています。

知的障害を伴う自閉症の若者がいる家庭のペットになったゴールデン・レトリーバーのユーティ(二歳)も、その一頭です。田口星太さんは聴覚過敏があり、犬の吠え声に驚いてしまいます。犬好きの両親は、星太さんに生き物と暮らす経験をしてほしかったのですが、犬は吠えるから飼うのは無理だろうと思っていました。それが、あるとき星太さんの同級生の家に譲渡された日本介助犬協会のキャリアチェンジ犬と出会い、「吠えない犬もいる」ことを知ったのです。

そこで、協会に相談し、待つこと約六年。二〇二一年の秋、ついにユーティが家にやってきました。動物は嫌いではないものの、さわるのは苦手という星太さんに、両親は「うちに遊びに来てお泊まりする犬だからね」と紹介し、徐々に慣らしていきました。

新たな存在を受け入れ、心の回路が開いた

最初は「えー、今日も泊まるの？」といっていた星太さんでしたが、三か月ほど経ったある日、近所の理髪店の人に「協会に返すの？」と聞かれたときは、「ユーティはもう返しません。いっしょに家で暮らすんです」ときっぱり答えました。そばで聞いていたお父さんはしみじみ嬉しく思ったと言います。

「星太は変化が苦手で、自分のルーティーンにこだわる。そこに新しく加わった犬という存在を、家族として受け入れることができた。少し成長したのかな、と」

日中は福祉作業所に通っている星太さんが夕方帰宅すると、ユーティはお気に入りのタオル

をくわえて出迎えます。星太さんはそれを受け取って投げ、ユーティが見事キャッチすると、頭を撫でてあげる。以前は「大丈夫だから、さわってみて」と促さなければならなかったのが、自分からユーティを撫でられるようになりました。

また、ドアを閉めるときは、「ユーティ、どいてー。危ないよー」と、ユーティがドアに挟まれないよう注意するようになりました。そんなことはいままでなかった、とお父さんは話します。

「これまでは自分が周りから気をつかわれるほうだったのが、気づかう相手ができた。守らなきゃいけないものができた。妹みたいなものなのかもしれませんね」

ユーティのほうも、新たな一面を見せるようになりました。訓練士の山口歩さんによると、「ユーティは自分の興味を優先する子」で、人の歩調に合わせるのが苦手だったそうですが、星太さんと歩くときだけは彼に合わせて歩くので、とても散歩がしやすいといいます。

「こんなふうになるとは、訓練中は予想していませんでした。ユーティには障害のある人を気づかう資質があるようです」

家族や地域にも変化をもたらす

星太さんのケアを長年家族の中心で担ってきたお母さんは、以前は公園で犬と散歩している人たちを見て、「いいなあ、いつか私もこんなふうにできたらなあ」と思っていたそうです。そんなお母さんにとって、ユーティが家に来たことは「これまでがんばってきたご褒美」。コロナ禍で暗いニュースばかりがあふれていた日々でも、ユーティが話し相手になってくれました。

田口さん一家

また、もともと仲のいい家族だったのが、ユーティが来てからはさらに会話が増え、星太さんと双子で大学院生のお兄さんもユーティの散歩に加わったりと、家族のつながりが深まりました。

さらにユーティを連れて散歩していると、これまで面識のなかった人たちからつぎつぎと声をかけられ、地域に知り合いがたくさんできたことも大きな収穫でした。

田口さん一家は星太さんの障害を隠すのではなく、地域の人々に理解し、受け入れてもらいたいと願っています。星太さんがユーティといっしょに歩くことで、「ユーティんちの兄ちゃん」として知られ、見守る人の目が増えれば、星太さんの安全にもつながるだろうと期待しています。星太さんは、出会う人ごとに「うちのユーティです。よろしく」と紹介するそうですが、じつはユーティのほうも「うちの星太さんです。よろしく」と思っているかもしれません。

直接障害のある人の介助はしなくても、ユーティは地域の人々とのつながりを深め、障害のある人が社会に出ていく助けとなっています。「ユーティ」という名前は子犬時代のユーティを預かり育てたパピーファミリーがつけたもので、「ユーティリティ」(「効用」「役に立つもの」という意味)という英語から来ています。さまざまな人の役に立つようにとの願いを込めてつけたのだそうですが、まさにその名のとおりの活躍ぶりです。

アメリカのサービスドッグたち

社会のいたるところで働く犬たちが活躍しているアメリカでは、街の中や空港などで「サービスドッグ」と書かれたベストを付けている犬に出会うことも珍しくありません。「サービスドッグ」とは日本の「補助犬」に相当するもので、障害のある人の手助けをするよう特別な訓練を受けた犬のこと。ただ、その障害の範囲は日本よりかなり広く、視覚や聴覚を含むさまざまな身体的な障害だけでなく、ＰＴＳＤ、強迫性障害、統合失調症などの精神的な障害や、自閉症などの発達障害も含まれます。

これらの犬たちは具体的にどんな仕事をするかというと、たとえば、暗闇に恐怖を感じる人のために先に暗い部屋に入り、照明のスイッチをオンにする、強迫性障害の人が繰り返し同じ行為をするのを止める、パニック発作が起こる前に予知して知らせ、安全な場所に移動できるようにする、悪夢を見てうなされている人を起こすなど、じつに多岐にわたります。

また、糖尿病の人の低血糖状態やてんかん発作などを直前に察知して知らせる「メディカルアラートドッグ」もサービスドッグに含まれます。

これらさまざまな働きをするサービスドッグたちは「障害のあるアメリカ人法」(Americans with Disabilities Act＝ＡＤＡ)によって、公共の場へのアクセスが認められています。ただ、ややこしいのが、「エモーショナルサポートアニマル」(Emotional Support Animal＝ＥＳＡ)と呼ばれる動物(犬)の存在です。そばに寄り添って安心感を与えるなど、心の問題を抱える人を精神的にサポートする犬で、精神科医やセラピストによって処方されるのですが、多くはその人のペットであり、サービスドッグのような訓練を受けていないため、一般的には公共交通機関を利用したり、病院などの公共の場に同伴したりすることはできません。しかし州によってはESAにも公共の場へのアクセスを認めているところもあるため、サービスドッグとの違いがわかりにくく、混乱を招いているようです。

さらには、自分のペットの犬をサービスドッグと偽って飛行機に乗せ、周囲に迷惑や被害をおよぼす悪質なケースもあり、ほんとうにサービスドッグを必要とし、ともに暮らしている人たちにとっては困った問題となっています。

アメリカ国務省の国際広報局によると、アメリカ国内には約五〇万頭のサービスドッグがいると推定されるそうです(二〇一六年時)が、従来の身体的な障害から精神的な障害へとサービスドッグの活動範囲が広がるにつれ、ますます需要は増す一方です。とくに自閉症の子どもたちを支える「オーティズムサービスドッグ」には、爆発的な需要があると聞きます。需要に供給が追いつかず、サービスドッグの育成団体に申し込んでから実際に犬を受け取れるまで数年待ち、というのはざらのようです。

また、サービスドッグの育成には多額の費用がかかります。近年は営利目的の育成団体も増え、受け取り手が支払う金額は一万五〇〇〇ドルから四万ドルともいわれています(日本の補助犬は基本的に無償貸与)。

ＡＤＡではサービスドッグは専門の育成団体によって訓練されなければならないとは定められていないため、自分でブリーダーから子犬を購入し、地域のドッグトレーナーなどに頼んで訓練してもらう、あるいは自ら訓練することで時間と費用を節約するという人もいるようです。しかし、サービスドッグ候補として繁殖された犬でも、訓練を受けて実際にサービスドッグになるのは三〜四割なので、目論見《もくろみ》通りにいくとは限りません。

多数のサービスドッグが活躍するアメリカでも、いまだサービスドッグの公的な認証制度がないため、その質は玉石混淆《ぎょくせきこんこう》という印象もあります。でも、きちんと訓練された本物のサービスドッグはほんとうにすばらしいものです。これまでアメリカで取材したサービスドッグたちは、障害のある人の生活の質を大きく向上させる、かけがえのないパートナーとして活躍していました。メディカルアラートドッグなど、人間には及びもつかない能力を使って生活を助けてくれる犬たちには、畏敬の念を抱かずにいられません。

第5章
医療や福祉の場で

桜樹の森のなっちゃんと入居者の女性

1　病気の子どもや大人を支える犬たち

犬が来る病院

聖路加国際病院は、二〇〇三年に日本で初めて小児病棟にセラピー犬の訪問を受け入れた医療機関です。月に二回、公益社団法人日本動物病院協会（JAHA）のCAPP（コンパニオン・アニマル・パートナーシップ・プログラム）活動に参加するセラピー犬とボランティアのチームが病棟を訪問し、プレイルームでふれあいの時間を持ちます。犬が好きな子どもにとっては、入院中に犬に会えるなんて、思ってもみなかった素敵なプレゼントです。犬が自分の手からおやつを食べてくれたのが嬉しくて、歓声をあげる子。犬のリードを握りしめ、得意そうに病棟内を一周する子。犬のふわふわの毛にじっと顔を埋《うず》める子。みんな生き生きと目を輝かせ、思い思いに犬とのふれあいを楽しみます。

この訪問活動が実現したきっかけは何だったのでしょうか。訪問活動の立ち上げに尽力した、当時、この病院の小児外科医だった松藤凡先生によると、それは犬が大好きだったある女の子の死でした。余命いくばくもないときに「ワンちゃんに会いたい」ともらした女の子。その子が亡くなったとき、病棟スタッフの間には、なんとか犬を連れてきてあげたかったとの切実な思いが残りました。その後、渚沙ちゃんという小学生の女の子もやはり大の犬好きで、犬に会いたがっていると聞き、彼女の希望をかなえるために速やかな検討が始まったのです。

聖路加国際病院の小児病棟には、小児がんの治療などで感染症への抵抗力が落ちている子どもたちが多く入院しています。そこに犬を入れるには、どんなことをクリアする必要があるか、松藤先生たちは病院の感染予防委員会に相談しました。心配されたのは、感染症、アレルギー、犬が人や物に危害を加えないか、入院している子どもたちの親や他の入院患者などの理解が得られるか、の四点でした。そこで、医療機関への訪問活動に長年の実績があるＪＡＨＡに協力を要請することになったのです。

ＪＡＨＡのＣＡＰＰ活動に参加する犬たちは、腸内細菌検査を含む定期的な健康診断や感染症予防のワクチン接種を受けています。さらに、訪問の前日からは犬に生ものは食べさせないという慎重な予防手段を講じることで、感染症リスクについてはクリアされました。

アレルギーについては、活動の前日にシャンプーし、病棟に入る前にはさらにもう一度シャンプータオルで全身を拭き、原因となるフケや汗を除去することにしました。また、アレルギーのある子は基本的に不参加としました（それでもどうしても犬に会いたいと、ゴーグルとマスクをつけて参加した子もいたそうですが）。

犬による事故のリスクについても、CAPP活動に参加する犬たちは、他の犬に会っても平静でいられるか、全身を触られても落ち着いていられるか、「伏せ」や「待て」などの基本的な訓練ができているかどうか、などのJAHAの認定基準を満たしているので、大丈夫だろうということになりました。

これらの入念な準備によって感染予防委員会の承認を得ることができ、訪問活動は「ワンちゃんに会いたい」と言った女の子が亡くなってから、わずか半年ほどで実現することになりました。

初めて病棟に犬が来た日。誰より楽しみにしていた渚沙ちゃんは体調が悪く、プレイルームまで来られなかったそうですが、チームを率いる柴内裕子先生が愛犬チロマをベッドサイドまで連れていきました。渚沙ちゃんはベッドの上に乗せたトイプードルのチロマを嬉しくてたまらない様子で撫で続けたといいます。渚沙ちゃんは訪問活動開始後三か月ほどしてこの世を去ってしまいましたが、彼女の存在がなかったら、聖路加国際病院の小児病棟に犬が入ることはなかったか、あったとしても、もっとずっと先のことになっていたかもしれません。渚沙ちゃんは病気と闘う多くの子どもたちに、犬とのふれあいという素敵な贈り物を残してくれました。それ以来、訪問活動ではアレルギーの発症も事故もなく、子どもたちとその家族に喜ばれています。

私はアメリカのさまざまな病院で取材をしたことがありますが、セラピー犬があたりまえのように病棟を訪問する光景をよく目にしたものです。アメリカには一九七七年に設立されたペット・パートナーズ（二〇一二年までの名称はデルタ・ソサエティ）という団体があり、人と動物の絆がもたらすポジティブな効果についての啓発と「アニマルセラピー」の普及を進めています。全米で一万五〇〇〇以上のセラピー動物とハンドラーのチームがペット・パートナーズに登録し、動物介在活動や動物介在療法の現場で活躍しています。登録されている動物はやはり犬が多く、約九割を占めるそうですが、他にもさまざまな動物たちがいます。猫、ウサギ、ギニーピッグの他に、なんとミニチュア・ホース、ミニチュア・ピッグ、ネズミ、ラマやアルパカもいるそうです。

アメリカの医師たちの何人かに、免疫力が低下している人たちが動物とふれあうことをどう思うか、と聞いてみると、彼らの一致した答えは、「動物が好きな人にとっては、きちんと健康管理された清潔な動物であれば、ふれあいから得られるベネフィットのほうがリスクよりも大きい」というものでした。

子どもが子どもらしくいられる時間

病院という限られた空間の中で、何か月もの間治療を受けながら過ごす――。大人でも大変なのに、育ちざかり、遊びざかりの子どもたちにとっては、どれほどつらいだろうと思わずにいられません。犬とのふれあいは、そんな子どもたちがひととき病気のことを忘れ、子どもに戻れる貴重な時間となっていることを実感します。いまでは小児がんの約八〇%が治るようになったといわれていますが、それでもやはり亡くなる子どももいますし、よくなって退院していく子どもたちも、病気によるさまざまな影響を受けます。入院中の経験がどれだけポジティブなものであったかは、子どもにとって、またその家族にとっても、大きな意味を持つにちがいありません。何日も笑っていなかった子どもが犬と遊ぶときに見せる笑顔は、付き添う家族にとってはかけがえのないものでしょう。

私は二〇〇七年から約三年半、写真絵本の制作のためにこの小児病棟に通い、子どもたちと犬のふれあいを軸に、小児がんと闘う子どもたちの姿を撮影しました。多くの忘れがたい子どもたちに出会いましたが、なかでもとりわけ深く心に残っているのは久保木千歳ちゃん（愛称

退院する日も犬たちを待っていた久保木千歳ちゃん

ちぃちゃん）という女の子です。私が出会ったとき小学一年生だったちぃちゃんは、白血病で闘病中でしたが、犬が大好きで、ふれあい活動に参加する常連でした。犬への接し方がとてもやさしく、思いやりがあり、私は自然とちぃちゃんによくカメラを向けるようになりました。人並み以上にがまん強く、いっさいわがままを言わない子だったちぃちゃんにとって、犬と遊ぶ時間は貴重な息抜きになっていたのではないかと思います。

ちぃちゃんが一〇か月にわたる治療を終え、退院する日は、たまたま午後から犬たちが来る日でした。退院の手続きは午前中で終わっていましたが、ちぃちゃんはワンちゃんたちにお別れを言わなくちゃ、と、帰らずに待っていたのです。そして、午後二時に犬たちがやってくると、喜んでプレイルームでのふれあい活動に参加しました。いつもの病院ウェアではなく、かわいいブラウスとジャンパースカートを着て、一頭一頭の犬たちに頬ずりして回っている姿がいまも目に焼き付いています。ちぃちゃんはその後病気が再再発し、八歳を目前にこの世を去ってしまいましたが、いつまでも忘れられない特別な存在です。

最後まで楽しむことをあきらめない

犬たちの訪問をとくに楽しみにしていた子どもが亡くなり、聖路加国際病院のチャペルでお別れ会がおこなわれるときには、遺族の希望で犬たちとそのハンドラーである飼い主も参列することがあります。その子の短い生涯にささやかな喜びをもたらした犬たちの役割が認められ、犬とボランティアもその子を失った悲しみを皆とともに分かちあえる――ボランティアにとっても大切な、意味のあることではないかと思います。

小児病棟で私が出会った子どもたちは、病気という困難を抱えながらも、遊びや学びの中でたくさんの楽しみを見つけ、仲間をつくり、ともに乗り越えていく力を持っていました。このような力のことを、英語ではResilienceといいます。一言で言いあらわせる日本語は思いつかないのですが、雑草がたとえ踏みつけられてもまた起き上がってくる、あのような回復力のことです。生きる力、といってもいいかもしれません。

どんなに病気で弱っていても、子どもたちは最後まで楽しむことをあきらめません。ある子はケーキを作り、ある子は亡くなる直前までお絵描きをやめませんでした。亡くなる数日前にもかかわらず、犬に会うために、力を振り絞ってプレイルームに来た子もいました。

子どもたちの生きる力を引き出すために、また、彼らの人生に残された時間のQOL（生命の質）を高めるために、犬たちが果たす役割はほんとうに大きいと実感します。

聖路加国際病院の小児病棟のほかにも、JAHAのセラピー犬が定期的に訪問している千葉県こども病院をはじめ、各地の子ども病院や小児病棟に犬たちの活躍の場は広がりつつあります。なかでも、つぎにご紹介する「ファシリティドッグ」の活躍はめざましいものです。

医療チームの一員、ファシリティドッグ

ときどきではなく、毎日犬に会いたい。いつも病院にいて、痛い検査や治療のときはそばにいてほしい。手術室に行くときも付き添ってほしい。そんな子どもたちの願いをかなえるのがファシリティドッグです(コートハウス・ファシリティドッグのところでも書きましたが、ファシリティは「施設」という意味)。ファシリティドッグのハンドラーは臨床経験のある医療従事者で、ハンドラーとともに病院に常勤するファシリティドッグは医療チームの一員と位置づけられています。

日本でファシリティドッグの取り組みを始めたのは、小児がんや重い病気とたたかう子どもたちとその家族を支援する特定非営利活動法人シャイン・オン・キッズです。二〇〇六年、小児がんで息子を亡くした日本在住のアメリカ人の両親により「タイラー基金」(タイラーは息子さんの名前)として設立され、その後、現在の名称になりました。

そのシャイン・オン・キッズがアメリカですでに普及しているファシリティドッグのブログ

ラムを日本でも始めると聞き、国立成育医療研究センターで看護師として働いていた森田優子さんがハンドラーに応募(現在は公募制)。オーストラリアで生まれ、ハワイの補助犬育成団体で育てられたゴールデン・レトリーバーのベイリーとペアを組み、二〇一〇年、静岡県立こども病院で、日本初のファシリティドッグチームとして活動を始めました。その後のベイリーの活躍ぶりは多くのメディアに取り上げられ、複数の書籍にもなっているので、名前を聞いたことがある人もいるかもしれません。

現在日本でファシリティドッグを導入している子ども病院は四つ。静岡県立こども病院、神奈川県立こども医療センター、東京都立小児総合医療センター、国立成育医療研究センターで、いずれも高度な小児医療を担う拠点病院です。初のファシリティドッグを受け入れた静岡県立こども病院では、すでに三代目の犬が活躍しています。

私が見学させてもらった東京都立小児総合医療センターでは、大橋真友子さんとアイビーというファシリティドッグが活動しています。アイビーは六歳になる雌のラブラドール・レトリーバー。カリフォルニアで生まれ、シアトルとハワイで訓練を受けた後、二〇一九年に大橋さんとともに活動を開始しました。

ハンドラーの大橋さんは臨床経験一六年のベテラン看護師で、以前は国立成育医療研究センターで小児医療に携わっていました。四児の母で、子育てが一段落したのを機に、日本ではまだ新しいこの試みにチャレンジしてみたいとハンドラーに応募したそうです。

小児総合医療センターは救急救命から小児がん、心臓病、先天性疾患、精神科など子どもの病気全般に高度な医療を提供する病院。大橋さんとアイビーの活動は、医師の指示があり、原則一か月以上入院している子どもが対象です。アレルギーがある子どもは基本的には対象になりませんが、犬好きな子も多いため、その子にとって安全な距離から挨拶したり、大きい子にはアイビーに技の指示(ターンなど)を出してもらうなど、触らない交流をします。アイビーは日常の子どもたちとのふれあいのほか、手術室や治療室に同行したり、骨髄穿刺《こつずいせんし》など痛みと恐怖を伴う処置の場で子どもに寄り添って緊張や不安を和らげたり、リハビリのサポートでは子どものやる気を引き出したり、とさまざまな働きをします。

大橋さんがとりわけやりがいを感じるのは、人間だけでは手に負えないような場に、アイビーが入ることで状況を好転できたとき。たとえば、放射線治療を受けていたある女の子は、放射線治療室に入る前から激しく泣き叫んでいたのが、アイビーが来たとたんすっと静まり、治療台にも乗れたそうです。そこで、スタッフが工夫し、治療台に横たわるその子からアイビーが見える位置にアイビー用の台を設置したところ、女の子はそれから安心して治療を受けられるようになったとのこと。

「アイビーがいたから、できた。それはとても誇らしく、嬉しい瞬間ですが、こういうことが効果をあげるのは、ふだんからアイビーと子どもたちがふれあい、関係を築いているからなんです」と大橋さん。常日頃から病院スタッフとともに試行錯誤しつつ、アイビーが力を発揮できる場の開拓に努めています。

不安なときこそ、アイビー

腫瘍科に入院して五か月になる中学一年生の桜井俊彦君(仮名)。読売ジャイアンツの大ファンで、病室ではジャイアンツのオレンジ色のアンダーシャツを着ています。抗がん剤の治療で気分がすぐれないなか、「女神だと思ってる」というアイビーへの思いを語ってくれました。

アイビーとの初対面は、入院して五日目ぐらいのこと。初めてアイビーが病室を訪れたときは、お母さんもいっしょに、「来たー」と大喜びしたそうです。

「そのときはドレーン(体内にたまった血液や膿、滲出液などを排出する管)入れてて、強い薬も入れてて、気分も悪かったけど、なんだか心が軽くなった」と俊彦君。動物が大好きで、自宅でもミニチュアダックスフンドと暮らしている俊彦君にとって、病院で犬とふれあえるのは大きな楽しみの一つです。

アイビーに来てほしいのは、不安なとき。そして、リフレッシュしたり、遊んだりしたいとき。「長〜い入院になるので……」とつぶやきました。

俊彦君は横隔膜にできた腫瘍を取り除く手術を、近く受けることになっていました。そのときはアイビーに手術室まで付き添ってほしい、と大橋さんに頼みました。

「アイビーがいてくれたら、手術の怖さも吹き飛ぶと思う。不安なときこそ、アイビー」

犬は人の気持ちを読み取り、寄り添うことができる動物です。アイビーはきっと自分が頼りにされていることがわかっているのでしょう。その穏やかな目でじっと俊彦君の目を見つめる様子は、まるで「私はここにいます。だから心配しないで」と言っているかのように見えました。

心臓の病気で入院している小学六年生のゆうさん(仮名)は、一年近く前にPICU(小児集中治療室)でアイビーと対面しました。自宅では小型犬のパピヨンを飼っていて、犬が大好きです。初めてアイビーに会ったときは、その大きさにちょっと驚いたそうですが、「そのときはまじで落ち込んでて……。上(病棟)にも上がれないし。アイビーの頭撫でて、癒された」と、ぽつぽつ話してくれました。

ゆうさんとアイビー

アイビーはゆうさんのそばでは、いつもリラックスしてすぐ寝てしまうそうです。私が訪れた日も、アイビーはゆうさんの膝に頭を載せ、気持ちよさそうにうつらうつらし始めました。そんなアイビーの首のあたりを、ゆうさんはやさしい手つきでそっと撫で続けます。

ゆうさんにアイビーにいてほしいのはどんなときかと聞くと、「処置するとき」のほかに、「暇なとき」との答えでした。

「やることなくて、時間が進むのが遅いけど、アイビーがいると時が過ぎるのが早いから」

何度か入退院を繰り返し、今回も半年以上入院しているというゆうさん。家や学校から離れ、一人ベッドの上で過ごす毎日はどれほど長く感じられるでしょう。大橋さんは、それでもいっさい弱音を吐かないゆうさんのところには、毎日行くことにしています。

「来ないと気になる。来てくれると嬉しい」

ゆうさんにとって、アイビーは病院での日常の一部として欠かせない存在となっているようです。

医療者から見たファシリティドッグは、どのような存在なのでしょうか。血液・腫瘍科の医長で、小児総合医療センターのファシリティドッグ委員会の委員長でもある横川裕一先生によると、導入してから三年間、大きなトラブルもなく順調に進み、「いまは、いるのが普通で、病院の一員」とのこと。

「アイビーは患者さんに、治療だけではない刺激をもたらしてくれて、それが少しでも患者さんの日常に近い生活につながっていると思います。医療者にとっても、エレベーターでアイビーと乗り合わせると思わず笑顔になったりするなど、リフレッシュさせてくれる存在です」と、アイビーを評します。

「アイビーがいるからがんばる、という子どもたちがいたり、医療者には心を開かない子がアイビーには心を開くのを見て、すごいなーと思います」

それによって治療もしやすくなり、アイビーという共通の話題をきっかけに会話が始まったりもするそうです。アイビーは患者さんと医療者をつなぐ役割をしてくれる、と横川先生は語りました。

ハンドラーとの絆

大橋さんとアイビーは週五日、午前九時三〇分に出勤し、午後五時まで病院で過ごします。活動時間は一回一時間。それを一日に三回おこないます（ＩＡＨＡＩＯのガイドラインでは、犬は一時間働いたら、一時間休むことになっています）。病院内にはアイビーの控え室があり、その先にあるテラスガーデンの一角に排泄場所があります。病院にはさまざまな匂いや音があふれ、刺激が多いため、犬が静かに休める控え室と排泄場所の確保はきわめて重要です。

一日の勤務が終わり、大橋さんと帰宅したあとは、アイビーはご飯を食べたり、寝たり、散歩に行ったり、遊んだりと、ゆったりとした時間を過ごします。家族でもある大橋さんと子どもたちからたっぷりの愛情とケアを受け、十分に休息を取ることで、また翌日からの仕事に向かうことができます。

ファシリティドッグがその本領を発揮できるかどうかは、ハンドラーとの絆にかかっているといっても過言ではないと思います。ハンドラーとの強い信頼関係なくして、ストレスや緊張を強いられる場に立会い、子どもの心を落ち着かせることはできません。この人といっしょなら絶対大丈夫、というたしかな信頼があるからこそ、犬は安心してどんな場にも入っていくことができるのです。

大橋さんは病院での活動がアイビーの負担にならないよう、常に気を配っています。ときには子どもがアイビーの耳を引っ張ろうとしたりすることなどもありますが、そんなときは子どもの気持ちを傷つけないよう他の遊びを提示してうまくそらすなどし、アイビーを守ります。犬と子ども双方の安全を確保することは、ハンドラーの重要な責務なのです。

横川先生は、小児総合医療センターのファシリティドッグの数をもっと増やし、一人の子どもがより多くの時間を犬と過ごせるようになればいいと思う一方、やはりもっと犬がいる病院が増えてほしい、と話しておられました。そのためには、八割を寄付に支えられているシャイン・オン・キッズの資金面がより充実することに加え、犬とハンドラーの養成を安定的におこなう必要があると、シャイン・オン・キッズでファシリティドッグ・プログラムを担当する村田夏子さん。以前はアメリカで訓練された犬を譲り受けていたのが、二〇一九年からは国内でのトレーニングを開始したり、ハンドラーを希望する医療従事者をあらかじめ登録しておくなど、さまざまな工夫を始めているそうです。

犬が好きな子どもにとって、入院生活と治療をサポートしてくれるファシリティドッグはほんとうに貴重な存在です。犬がいる病院がもっと増えてほしい、と私も心から思います。

勤務犬が活躍する病院も

シャイン・オン・キッズのファシリティドッグに続き、川崎市にある聖マリアンナ医科大学病院でも「勤務犬」(同病院の職名)が活躍しています。きっかけは二〇一二年、長期入院していたある白血病の女の子が、「犬に会いたい」とシャイン・オン・キッズに手紙を出したことでした。それを知った医師や看護師の尽力で、ファシリティドッグの訪問が実現。病院スタッフは手紙を出した女の子だけでなく、他の多くの入院患者が喜ぶ姿を目の当たりにすることになりました。

そこで病院に導入準備委員会が立ち上がり、日本盲導犬協会と日本介助犬協会の協力で、PR犬(盲導犬や介助犬の普及推進活動で活躍する犬)による動物介在活動や講演会などの啓蒙活動、署名集めなどを三年半にわたって続けるという地道な努力の結果、二〇一五年に、日本介助犬協会から貸与されたスタンダードプードルのミカが初代の勤務犬として導入されました。二〇二二年現在は、二代目のモリス(スタンダードプードル)が活動中です。

聖マリアンナ医科大学病院でも、勤務犬は医療チームの一員と位置づけられています。シャイン・オン・キッズのファシリティドッグとの違いは、外部からの派遣ではなく、大学病院に勤務する看護師がハンドラーを務めていること、また、大人の患者を主な対象にしていることです。勤務犬は産科・婦人科、代謝・内分泌内科、脳神経内科、小児科など二〇以上の診療科で、主治療を補助する動物介在療法(AAT)として活用されています。

その目的の多くは闘病意欲の向上、リハビリのサポート、疼痛《とうつう》の軽減、情緒的な安定、精神機能の維持などです。手術を受ける子どもには手術室まで同行し、麻酔で眠るまで見守ったり、リハビリでは患者が投げたボールや輪を犬が取ってくるというサポートをしたり、終末期の患者のベッドに乗って寄り添い、不安や疼痛を軽減するなど、じつに幅広く活躍しています。

二〇一八年に発表された、導入後三年の成果に関する論文によると、AATを実施した一五七人の患者の九割が成人(もっとも多かったのは八〇代)で、疾患別では、悪性腫瘍、脳梗塞、切迫早産などが多く、終末期の症例もあったそうです。AATは明確に医療や看護の目標を設定しておこなうものですが、この一五七人に対する目標到達度は、「達成」と「ほぼ達成」とで八三%に達し、未達成はわずか二%だったとのこと。

論文で示されていた症例は、とても心に残りました。転移したがんで、死への恐怖が著しく、昼夜を通し頻繁にナースコールをしていたという五〇歳の女性。情緒不安解消を目標としてAATを導入したところ、勤務犬ミカに会いたい思いから、昼夜逆転の生活が改善し、回を重ねるごとに前向きな言動が増えていったとのこと。不安な気持ちを和らげ、心を癒す犬の力は、子どもだけでなく大人に対しても十分発揮されることを感じます。

論文は「AATは年齢や疾病・病態にかかわらずきわめて効果的な補助療法であると評価し得た」と結論づけています。子ども病院だけでなく、大人の病院でも、ぜひ犬の出番が増えてほしいものです。

ホスピス病棟への訪問活動

東京都杉並区にある東京衛生アドベンチスト病院では、一九九九年のクリスマスイブからJAHAによるCAPP活動がおこなわれています。犬や猫などの動物たちを連れたボランティアのチームが訪問する先は、ホスピス病棟（緩和ケア病棟）です。ホスピス病棟は、がんと診断されている人たちの心や身体のさまざまな苦痛を和らげ、たとえ病気の治癒は困難であっても、その人が最期まで自分らしい時間を過ごせるよう支えることを目的としています。

ここでのCAPP活動開始のきっかけは、ホスピス病棟に入院していたある患者さんが、犬に会いたいと強く希望されたことだったそうです。それ以来、ホスピス病棟への訪問はずっと継続し、病棟のラウンジや病室でふれあいをしたり、病院のボランティアが患者さんと動物たちの記念撮影をしたり、クリスマス会に参加するなどの活動をしていました。動物たちと撮った記念写真は病室に飾り、それが家族との話題提供にもなったりして、とても好評だったそうです。月一回でスタートした訪問は、病院の要望により、月二回、週一回と徐々に増え、毎週金曜日は動物たちが来る日として、皆が心待ちにするようになりました。

緩和ケア内科の医師である早坂徹先生（医療法人財団アドベンチスト会顧問）は、「動物たちは医療者やご家族でも及ばない独特な癒しの力を持っている」と語ります。「患者さんたちは、医療者に対しては身がまえたり気遣ったりするなど、いろんな意味で緊張感を持っています。それが、ペットたちに対しては安心して心を許せて、緊張がほぐれるのです」。

動物たちとはしゃべらなくてもいい。無条件に寄り添ってくれる相手を、ただ抱きしめて、その温もりを感じればいい。このような言葉を介さない癒しは、ホスピスではとても重要だと早坂先生は言います。「Doing より Being（何かをすることよりも、ただそばにいること）」というホスピスの概念を、動物たちはそのまま実践している。また、日本の文化では、欧米のように医師や看護師が患者を抱きしめたりすることはむずかしいけれど、動物たちにはできる、と。

「われわれ医療者は、医療というツールで患者さんのニーズに応えようとしていますが、医療だけでは及ばないものもある。それを補ってくれるのが動物たちで、役割分担の一つなんだと思います」

長年この活動にかかわってきたチャプレン（病院専属の牧師）の永田英子さんは、とくに心に残っているエピソードとして、ある保護犬と患者さんのことを話してくれました。その犬は、誰に言われたわけでもないのに、まるで「会いたかったー」とでも言うように、自分からまっすぐにある患者さんのところに行き、膝に頭を乗せたのだそうです。患者さんは嬉しそうにほほえみ、自分の膝に乗せられた犬の頭を撫でました。

その犬は、かつて虐待を受けて傷ついていたところをＪＡＨＡのボランティアのもとに引き取られ、手厚いケアを受けて回復した黒のラブラドール・レトリーバー。患者さんのほうは言葉少なで、あまり多くを語らなかった女性でした。何も言われなくても、痛んでいる人に寄り添う。必要なときに、必要としている人のところにすっと行く。犬たちのそんな姿を、永田さんは何度も目の当たりにしました。

また、猫が好きな人にとっては、猫を抱いたり、添い寝をしたりして、その温もりを感じられることも大きな喜びでしょう。添い寝をした猫が腕に前脚を乗せ、肉球の跡が腕に残ったのを見て患者さんが喜んだというエピソードなどを聞くと、猫にも、ただそこにいるだけで人を癒す力があるのだと感じます。

東京衛生アドベンチスト病院でのＣＡＰＰ活動のチームリーダーを一〇年以上務める愛玩動物看護師の竹中晶子さんは、もう会話ができない、あるいは誰とも話をしたくない人でも、動物には来てほしいとリクエストすることが多い、と話します。猫に来てほしいとの要望を受けて病室に行くと、患者さんはただ黙って猫を撫でているうちに表情が穏やかになっていく。ときには家族も見ていないような笑顔が出ることもある。あまりにいい笑顔なので、家族から猫といっしょに写っている写真を葬儀で使いたいと希望されたこともあるそうです。

一回の活動に参加するのは、だいたい犬三頭に、猫一頭。犬はさまざまな患者さんの希望に応えられるよう、大型犬、中型犬、小型犬とサイズの違う犬たちで、猫は竹中さんが勤務する

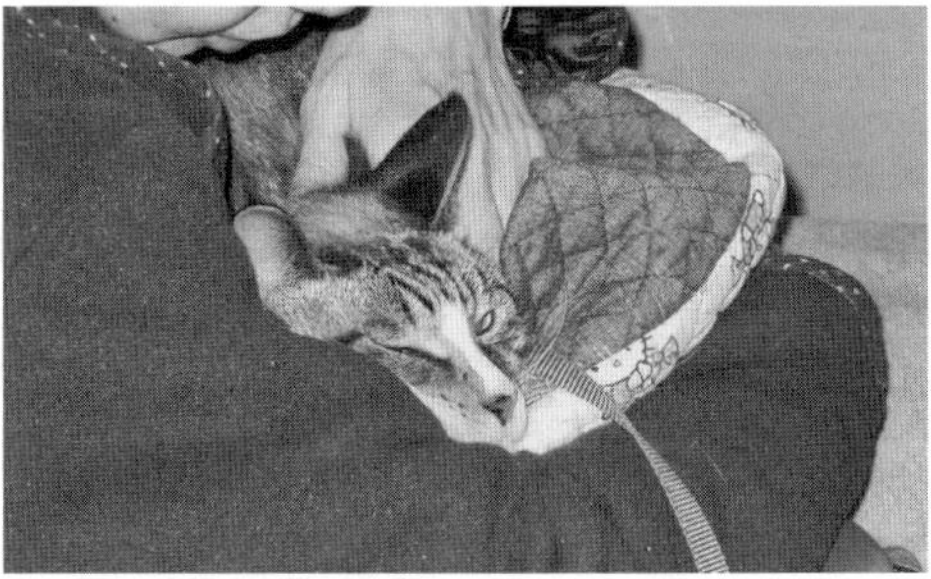

CAPP活動に活躍する猫のとうふと患者さん（写真提供：東京衛生アドベンチスト病院）

動物病院で飼っている猫たちが交替で参加します。ホスピス病棟では、今週会った人につぎの週もまた会えるかどうかはわかりません。でも、ボランティアは、たとえ一期一会かもしれないとわかっていても、気張らず、ふだんの日常と変わらない雰囲気で接しています。

動物たちとのふれあいは、患者さんに付き添う家族、そして、病棟スタッフにとっても大切な癒しの時間です。「医療者も痛んでいるので、動物たちにとても慰められている」と、早坂医師。

「動物と向き合っているときは、医療者も素のままの自分でいられてほっとするんです。犬の前でデレッとしている医者の姿を見て、患者さんのほうも緊張が取れて、お互

いの間の垣根が低くなるような気がします」

残念ながら、コロナ禍のため二〇二三年初頭の現在は活動休止中ですが、ＪＡＨＡのボランティアと病棟のスタッフは動物たちの写真と手紙を介して交流を続けています。動物たちの近況写真を病棟内に掲示してもらう月二回の「写真訪問」をしているそうです。

つぎに、緩和ケア内科の尾阪咲弥花医師からボランティアに届けられた手紙の一部を、ご本人の許可を得て、ご紹介します。

ホスピスは日常を大切にしている場所ですが、やっぱりお看取りのある場所です。一度入院したらおうちに帰るのがむずかしくなる方もいらっしゃり、特にコロナの世界では外出や外泊をまだ許可していないため、ご入院自体がとても大きな決断だと思っています。

そこに来てくださるＣＡＰＰの皆さま、屈託ない動物たちの姿が、どれだけ患者さん、ご家族、働く私たちにとってかけがえのないプレゼントであったかを、わかっていたはずなのに毎週またひしひしと実感しています。ワンちゃん、ネコちゃんが持つ力を誰よりも知っている皆さまだから、あのような時間をくださるのだと思いますし、そのお気持ちが患者さん達にも通じるからこそ、何ものにも代えがたいのだと思います。

ただ「動物たちを連れてくる」だけではない。彼らの力を知っている皆さまだからこそ、あんなにもあたたかい時間であったのだと、会えなくなって改めて実感しています。

そして、「やっぱり皆さまがいないうちは、大切な何かが足りない。そんな思いで寂しくしております。近い将来にまたお会いできますように」と、再開を待ち望む思いが綴られていました。

2　高齢者施設の動物たち

犬がいる特別養護老人ホーム「さくら苑」

横浜市旭区には、三七年前から動物たちが同居している高齢者施設があります。社会福祉法人秀峰会の特別養護老人ホーム「さくら苑」です。

この施設はJAHAのCAPP活動の始まりの場でもあります。いまでこそ動物とともに施設を訪問する活動はさまざまな団体によっておこなわれるようになっていますが、その先駆けとなったのがCAPP活動でした。一九八六年五月、さくら苑で開催されたさくら苑春祭りにJAHAの犬や猫たちが参加したのが記念すべき第一歩です。

その際、さくら苑の当時の施設長だった桜井里二さん(現在は社会福祉法人秀峰会の経営顧問)が、月一回の訪問だけでなく、日常の生活の場にも動物たちがいてほしい、とJAHAに要望。マリーとヘレンという二頭のラブラドール・レトリーバーの寄贈を受けました。それ以来、動物との同居は秀峰会の他の施設にも広がり、現在は一二の施設で犬や猫がともに暮らしています。

私が初めてさくら苑を訪問したとき、玄関で出迎えてくれたのは秀というシーズーの男の子でした。秀は一二歳になるさくら苑の四代目の施設犬です。特別養護老人ホームというのはあまり訪問する機会のない場所ですが、なんとも泰然《たいぜん》とした風情《ふぜい》の秀くんのお出迎えを受け、思わずほっこりします。

見ていると、秀は来訪者があるたびにトコトコと玄関に歩いていき、挨拶していました。入居者のケアマネジャーや相談員、宅配便の人など、秀のお出迎えを受けた人たちが秀を撫で、皆一様に笑顔になっているのが印象的でした。

施設長の奥野天元さんは「施設を家庭のような雰囲気にしたいんです。秀も家庭犬としてここにいます」と話しました。秀は病院などに常駐するファシリティドッグのような高度な訓練

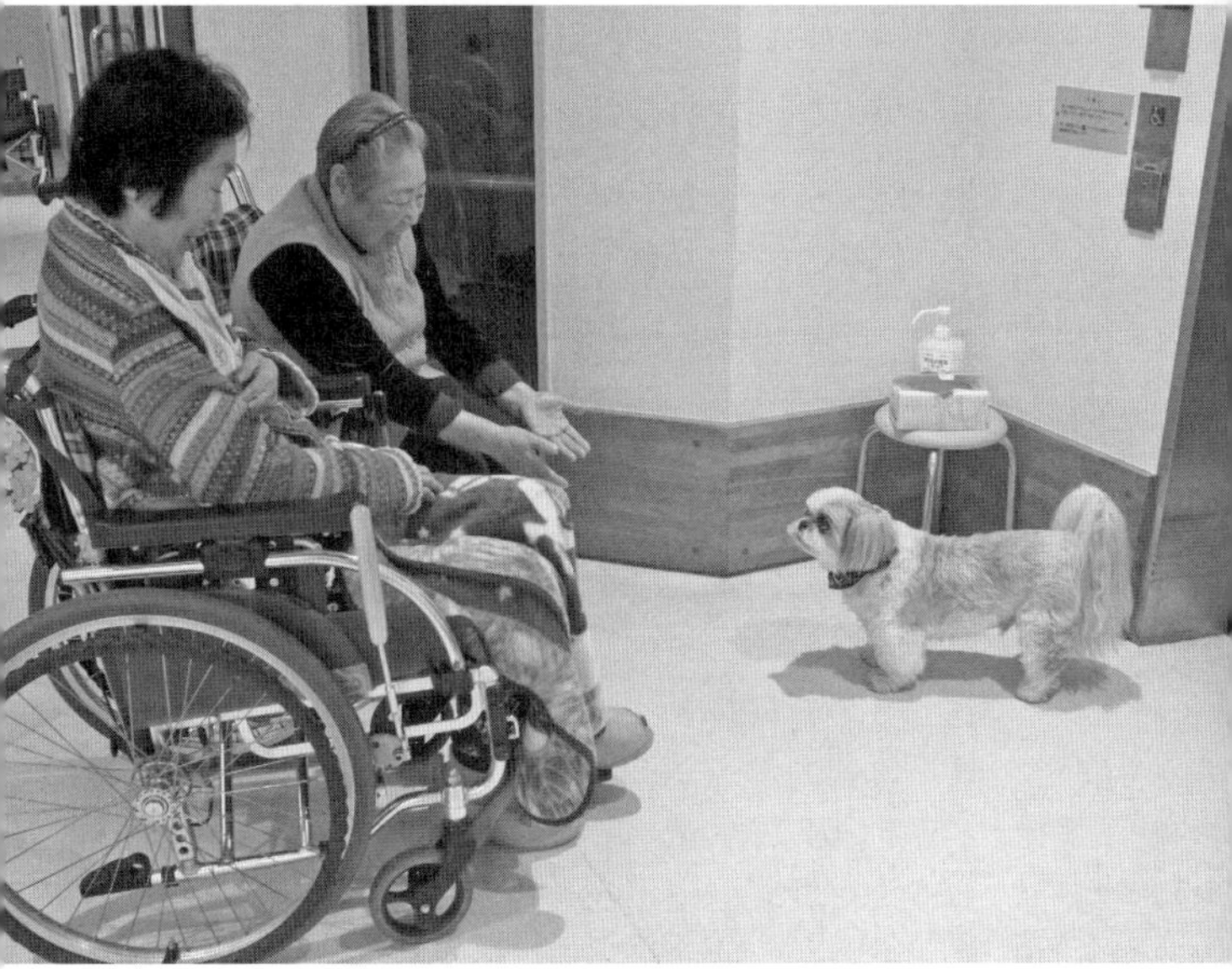

秀に声をかける入居者たち

は受けておらず、コマンドも「お手」ぐらいしかできないといいますが、人への攻撃性がなく、穏やかでおっとりしているため、入居しているお年寄りとふれあっても安心とのこと。秀は玄関に近い事務所付近を定位置にしつつ、二階と三階の入居者の生活フロアに行く職員についていくなど、施設内で自由に過ごしているそうです。

犬と接して表情が豊かに

さくら苑では、月一回のCAPP活動も並行しておこなわれています。コロナ禍のため現在は中断を余儀なくされていますが、入居者にはとても好評で、ふだんはないような生き生きとした表情が見られるといいます。犬と接することで、重度の認知症の人も一時的に意識がはっきりするそうです。

とくに、過去に犬と暮らしたことのある人に対しての効果は大きいのでしょう。ふだんは表情や発語に乏しかった人が、犬を見ると過去の記憶がよみがえって、ぱっと表情が明るくなり、「昔うちでも飼ってたのよ」というような会話が始まったりするのは、あちこちで耳にします。

現場の施設職員の多くが体験し、実感しているこのような事象を裏づける研究もあります。グループホームで暮らす認知症の高齢者を対象に、犬による動物介在療法の効果をコントロール群と比較検討した研究によると、日常生活自立度やＱＯＬの尺度には大きな変化は見られなかったものの、うつ状態は明らかに改善したとのこと。また、ストレスがあると上昇する唾液アミラーゼ活性値も、動物介在療法の対象者では有意に低下したそうです。

さくら苑では、このほかにも「アニマルセラピー」の勉強をした職員が週三回、一回三〇分の秀と入居者のふれあいタイムを設けていて、歩ける人は秀を連れて散歩に行ったりしているそうです。犬が大好きだけれど、自分ではもう飼えないという人にとって、さくら苑のような施設はとてもありがたいにちがいありません。

介護職員のメンタルヘルスにも

奥野施設長によると、入居者とその家族にとってだけでなく、職員にとっても秀の癒し効果は大きいといいます。さくら苑で働き始めて七年目という若い介護職員に話を聞くと、「秀がフロアに上がってくると癒されます。職員にも寄ってきて足にスリスリしてくれて、忙しいときでもストレスが軽くなります」と笑顔になりました。住まいはペット不可なので自分では飼えない、という彼にとって、職場で犬とふれあえるのはとても嬉しいことなのです。

これは施設に動物がいることの大きなメリットでしょう。さくら苑に入居している人の要介護度の平均は四・四ほどで、重度の認知症の人の介護の大変さは、経験したことがある人なら身にしみてわかるのではないかと思います。ときには認知症による周辺症状である暴力や暴言にさらされることもあり、身体的にも心理的にも大きな負担がかかります。そのような介護の現場で、職員のメンタルヘルスを良好に保つことがどれほど重要かは想像に難くありません。動物がいることによって仕事の量が増えてしまい、むしろ負担になったりしないだろうかと気になるところですが、さくら苑の場合、秀の居場所は一階にあり、主に世話をするのは事務所職員なので、介護職員への負担は少ないということです。また、犬の世話をするかどうかは本人の希望によるため、望む人にとってはやはり癒しのほうが大きいのでしょう。

犬は地域との架け橋

秀峰会の別の特別養護老人ホーム「南永田桜樹の森」では、なつという四歳のシーズー犬が大活躍しています。入居者やデイサービスの利用者、職員を和ませるだけでなく、地域との架け橋としての役割も担っているのです。近所に住む女性がボランティアとして毎日なつを散歩に連れ出してくれるので、地域の人々には「桜樹の森のなっちゃん」として知れわたり、大人気だそうです。

施設長の石橋博則さんは「閉ざされた場所というイメージが強い特別養護老人ホームをもっと地域に開かれた場所にしたい。犬がいることで、地域の人に施設のことを身近に感じてもらいたい」と話します。コロナ禍の前は、なんと小学生の男の子たちがなつに会いたくて施設に遊びに来たりもしていたそうです。遊び盛りの小学生たちが老人ホームに遊びに来るなんて、そうないことでしょう。

もちろん施設の中でも、なつは欠かせない存在です。口腔ケアを拒否することが多い八〇代の男性は、なつを膝に乗せているときは受け入れてくれるとのこと。

なつの健康管理としつけを担当する職員の石渡さんによると、「いつも厳しい表情をされていた人でしたが、なつを見たとたん満面の笑みを浮かべ、みんな『え〜っ』と驚きました。とても無口なので、言葉を話さない人なんだと三年ぐらい思っていたのですが、突然『犬っていうのはさあ』と話し始めて」

他にもなつがそばにいればケアを受け入れるという女性がいたり、「家に帰りたい」という人が、なつが寄り添うと落ち着いたり、初めてショートステイを利用する人を受け入れるとき、なつが相談員といっしょにいると不安がやわらぐなど、なつの存在は多くの人の支えとなっているそうです。

生きがいを創り出す

私が話を聞かせてもらった入居者の女性は、「なっちゃんを抱っこすると幸せな気持ちになる」と言いました。車椅子に座ってなつを膝に乗せ、いとおしくてたまらなさそうに撫でる女性。抱っこされているなつのほうも、安心しきって女性に身を任せ、甘えた表情をしています。

また、あるデイサービス利用者の女性は「なつに会うのが楽しみで、デイサービスの回数を増やしてもらったの」と話しました。自分の愛犬は四年前に亡くなり、いまは一人暮らしでもう犬は飼えないけれど、「ここに来ればなつが玄関で出迎えてくれる。撫でるとごろんと仰向けになり、お腹を出してくれる。私を信用してくれてるから」と嬉しそう。そして、しみじみと言いました。「なつは私の生きがい」。なつの存在がデイサービスに来る動機づけとなり、彼女の健康維持に寄与しているであろうことがうかがえます。

ちなみに、散歩のボランティアをしてくれている近所の女性は七五歳。最初は自分の犬の散歩のついでに、となつの散歩を買って出てくれたそうです。そして、愛犬が亡くなったあとも「自分ではもう飼えないけれど、なつがいてくれる」とボランティアを続けているのです。なつと二人で毎日歩くことは、彼女の生活に喜びとやりがいをもたらし、健康増進にも役立っているでしょう。

施設で人も動物も幸せに暮らすために

人が大好きというなつにとって、桜樹の森での生活は居心地がよさそうです。決まった時間に散歩、食事、就寝、と規則正しい生活パターンが確立していて、施設の中に自分の専用の居場所もあります。休みたいときはそこに行きますが、人のそばにいたいときは自分のペースでそうするようです。何よりも、なつは自分がどれだけみんなに愛されているか知っているにちがいありません。なつが廊下を歩くだけで、「かわいい〜」「なっちゃ〜ん」と声がかかり、みんなが笑顔になるのですから。

なつは桜樹の森の二代目の施設犬です。先代は同じシーズーのあいちゃんで、亡くなるときは職員皆で看取りをしました。じつはあいちゃんが亡くなったあと、石渡さんもとくにかわいがっていた職員も、なかなか次の犬を迎えようという気持ちになれなかったといいます。職員と施設犬との絆は飼い主と家庭犬の絆に近いものでしょうから、長い年月をともに過ごした犬を亡くした悲嘆はどれほど深かったでしょう。なつに会ってひとめぼれし、これからはこの子をかわいがっていこうと思えたことで気持ちの整理がついたようですが、職員のペットロスに対する心のケアも重要な課題だと感じました。

一方で、特定の職員だけが世話をする状態は望ましくないと石渡さんは言います。人事異動もある職場では、ふだんから複数の人がかかわり、人が代わっても犬が不安を感じないようにすること。これも施設犬特有の課題でしょう。

高齢者施設で人も動物もともに幸せに暮らすためには、適性のある動物を選ぶことから始まり、入居者とその家族の理解、動物たちにとって快適な環境づくり、適切な健康管理やしつけなどさまざまな条件を整える必要がありますが、地域の獣医師や動物看護師、ドッグトレーナー、世話を手伝うボランティアなど、専門家と市民が連携してサポートすれば、さくら苑や桜樹の森のような光景がもっと多くの施設で見られるようになるかもしれません。施設に入った後でも動物のいる生活をしたいと望む人々にとって、それはとても嬉しいことでしょう。

最期まで自分のペットと暮らす願いをかなえる「さくらの里山科」

高齢になったら、もう動物は飼えないとあきらめている人は多いと思います。実際、世話ができなくなった高齢の飼い主による飼育放棄は大きな問題となっており、高齢者への譲渡はしないという動物保護団体も少なくありません。でも、退職して社会での出番がなくなったり、親や友人、伴侶との死別などを経験したり、社会とのつながりも薄くなりがちな高齢期こそ、じつはもっとも伴侶動物を必要とする時期でもあります。

帝京科学大学アニマルサイエンス学科教授の濱野佐代子さんは、ペットと暮らす高齢の飼い主への聞き取り調査から、ペットの存在が喜びや幸福感をもたらし、人とのつながりを促進することに加え、自分はペットにとってかけがえのない存在であり、ペットより先に死ぬわけにはいかないという強い思いが高齢者の生きる気力や病気予防の意識にもよい影響を与えているのではないかと述べています。そして、この使命感が高齢者に生きがいを与え、人生を意味のあるものにしている可能性があると示唆しています。たしかに、自分が誰かに必要とされているという思いは生きる意欲を高め、病気と闘う力にもなるでしょう。「はじめに」で書いたエイズ患者のジェニーの主治医も、世話をする対象がいることとのベネフィットは感染症のリスクを上回ると考えていました。

一方で、万が一、大事なペットを残して死んでしまったら、という不安もまた大きく、それによって心身の状態が悪化してしまう人もいます。そんなとき、たとえ自宅で暮らし続けることが困難になっても、自分の動物といっしょに入居できる施設があったら、どれだけ多くの人が救われるでしょう。

そこで特筆したいのが、横須賀市にある特別養護老人ホーム「さくらの里山科」の取り組みです。自分のペットといっしょに入居できる、全国でも稀な公的施設として注目されています。しかもここでは、自分では飼えないけれど、もう一度動物と暮らしたいという人たちのために、ホームで引き取った保護犬や保護猫たちも同居しているのです。

四階建てのホームは、二階から四階までが入居者の生活フロアで、各階に一〇の個室とリビングスペースからなるユニットが四つあります。そのうち二階が動物たちの同居フロアとなっており、犬と暮らせる二つのユニットと、猫と暮らせる二つのユニットに分かれています。犬猫ユニットに入居するのは、犬好き、猫好きで、アレルギーのない人に限定されています。

動物の数は原則一ユニット五匹まで。二〇二二年一二月現在、九頭の犬と八匹の猫が同居しています。たっぷりと陽が入る猫ユニットのリビングスペースでは、あちらにもこちらにも、ソファや椅子の上で気持ちよさそうに丸くなっている猫の姿が。犬ユニットのリビングスペースでも、犬たちが床やソファにゆうゆうと寝そべっています。

たくさんの動物たちが同居しているにもかかわらず、動物臭はまったくありません。ユニットはとても清潔で明るく、まるでどこか広い家のリビングダイニングのようです。そもそも介護施設は清掃も消毒も徹底しているため、ペットの飼育に向いているとのこと。当初心配していた衛生面の問題は杞憂《きゆう》だったそうです。

さくらの里山科がオープンしたのは二〇一二年。社会福祉法人心の会の理事長で、さくらの里山科の施設長でもある若山三千彦さんが、このような施設をつくりたいと思ったきっかけは何だったのでしょうか。それは、一〇年近く心の会の在宅介護サービスを利用していた、ある八〇代の男性の悲しい最期でした。いよいよ自宅での生活が困難になり、老人ホームに入居することになった男性は、十数年連れ添った愛犬の引き取り手を探したけれど見つからず、ついに保健所に渡すことになってしまったのです。その結果、男性は「自分の家族を殺してしまった」と自らを責め続け、その後半年も経たず悲嘆のうちに亡くなったそうです。

それまで嬉しいことや楽しいこともたくさんあったはずの人生なのに、最後の半年間を後悔と絶望の中で過ごさなければならないなんて、まちがっている。日本の高齢者福祉には何かが欠けている。それは自分のペットと暮らせるということだ。そう強く思った若山さんは、当時準備中だった特別養護老人ホームをペットといっしょに暮らせる場にすることを決意しました。

さくらの里山科の理念は「あきらめない福祉」です。高齢になり、あれもできない、これもできないとあきらめてきたことを、できるようにすること。動物といっしょに暮らすこともその一つです。なんといっても最大の安心は、入居したあとで自分が先に死んでも、ペットは遺族に引き取られるか、ホームで終生飼養してもらえるということでしょう。ホームで暮らし続ける場合は遺族がその費用を負担しますが、なかにはときどき会いにきて、散歩に連れていく人もいるそうです。

身寄りがない人が動物を残して亡くなった場合の費用負担をどうするかは、今後の課題です。しかし、これには寄付やボランティアで応援するなど一般市民もかかわることで、ある程度は軽減されるのではないかと私は考えています。

動物の存在がもたらすもの

さくらの里山科に動物がいるのは高齢者が動物との暮らしを続けられるようにすることが目的で、「動物介在介入」ではありません。しかし、結果的に、動物がいることによって多くの恩恵がもたらされています。たとえば、入居者が明るくなること。精神が活性化し、周囲とのコミュニケーションが増えること。動物がそばにいることで、夜安心してぐっすり眠れるため健康状態が良好になること。ブラッシングが拘縮《こうしゅく》しかけた腕のリハビリになったり、動物とふれあったり声をかけたりすることが認知症の進行を遅らせたりすること。地域の人たちがボランティアとして動物たちのシャンプーやトリミング、散歩のために来てくれるので、地域との交流が進むこと。このように枚挙にいとまがないほど、いろんな効果が生まれているようです。

また、さくら苑や桜樹の森同様、介護を担う職員への癒し効果も重要です。ホームで働き始めて三年目という若い職員は、「動物がいるといないとじゃ、心の余裕が全然違います」と話しました。

「自分が失敗したり、イラッとしたりするとき、犬を見ると落ち着くんです」

ただでさえ忙しい介護職員にとって、動物の世話まですするのは負担ではないかと聞くと、

「最初からこうなので、こういうものだと思ってます。トイレシーツの交換とか、投薬はたしかに大変だけど、かわいいから負担ではないです」と屈託がありません。実際、犬や猫のいるユニットは他のユニットより仕事量が多いにもかかわらず人気で、空きが出たらそちらに行きたいという人たちもいるそうです。

犬猫ユニットの担当職員はみな動物好き、ということもあるでしょう。でも、介護職員にとっての一番のやりがいは、やはり入居者の笑顔を見ること。犬猫ユニットの大黒柱的な存在であるベテラン職員の出田さんはこう話します。

「入居者と動物がふれあって、心から笑っている姿を見られる。それがモチベーションになるんです。みんなが笑って明るいユニットになる。動物の力ってこんなに大きかったのかーと

実感しています」

出田さんは介護の仕事のかたわら、独学で愛玩動物飼養管理士の資格を取り、通信教育で動物看護師の勉強もしたとのこと。人のケアのみならず、動物たちのケアの質も高めるために並々ならぬ努力をしています。また、職員の中には長年犬や猫の保護活動に携わってきた人もいて、とても心強い存在となっています。動物保護団体の「ちばわん」と連携し、ホームで譲渡会を開いたこともあるそうです。

看取り犬、文福

さくらの里山科で引き取っているのは、すべて保護された動物たちです。その中に「文福」という特別な犬がいます。保健所で殺処分になる寸前だったところを「ちばわん」に救われ、さくらの里山科にやってきたという文福には、人の最期を察知する特殊な能力があるそうです。

入居者が余命いくばくもないターミナル期(終末期)に入ると、文福はその人の部屋の前でうなだれ始め、そこから動かなくなります。そして、いよいよ最期が近づくと部屋に入り、入居者のベッドに上がって、まるで看取りをするかのようにそばに寄り添うのです。ホームでは文福のことを「看取り犬」と呼んでいます。出田さんによると、犬ユニットの入居者はほぼ全員

看取り犬，文福

が文福に看取られたそうです。

いったい文福は、どうして人の死を予知することができるのか。アメリカのロードアイランド州のナーシングホームにも、つい最近まで、入居者の死が近づくと察知し、その人が息を引き取る瞬間まで寄り添うことで有名な「オスカー」という猫がいました。おそらくオスカーは、死期が近づいた人の体から出るかすかな特有の匂いをキャッチしていたのではないかと考えられています。犬や猫は非常に鋭い嗅覚を持っているので、そのような匂いを嗅ぎ取れたとしても不思議ではありません。ただ、文福やオスカーが特別なのは、そこで死にゆく人に寄り添う行動を取るということです。どうして、そのような行動を取るのでしょうか。

出田さんたちは、文福は殺処分寸前まで行き、ひとりで死の淵に立ったことがあるからこそ、入居者をひとりで旅立たせないよう、最期まで寄り添って看取ろうとしているのではないかと考えています。かつて人に捨てられ、命を失いかけたにもかかわらず、人の最期に寄り添ってくれる文福の無垢な愛情に深い感動を覚える、と。

文福がまだ看取り活動を始めていないから大丈夫だろうということで、思いきってターミナル期の人をかつての仕事場だった漁港に連れていってあげられたこともありました。人生の最後にそのようなすばらしい贈り物ができたことを、出田さんは「文福のおかげ」と言いますが、それは、もし死が差し迫っているのであれば、きっと文福が寄り添うにちがいないとスタッフが信じていたからこそでしょう。文福への敬意と信頼の賜物ではないでしょうか（文福に看取られて旅立った人々のことは、若山さんの著書『看取り犬・文福――人の命に寄り添う奇跡のペット物語』に詳しい）。

動物とのあたたかな日々

自分の動物といっしょに入居できた人たちは、どのように感じているのでしょうか。清水さん（仮名）という寝たきりの女性のベッドには、キジシロ猫のプリンが体の脇に陣取り、まったりしていました。「猫がいると気が紛れるねー」と清水さん。猫の体温が伝わって温かそうです。

サリーちゃんというシーズー犬の女の子を抱っこしている中居さん（仮名）は「サリーちゃんはおばあちゃんの子ども。かわいい、かわいい」と満面の笑みを浮かべています。中居さんの話は過去と現在が混在していますが、サリーちゃんを見つめるときは、あきらかに「いま、ここ」に意識が戻るようです。

愛犬のミックと離れたくなくて、限界ぎりぎりまで在宅生活を続けていたところ、家族がさ

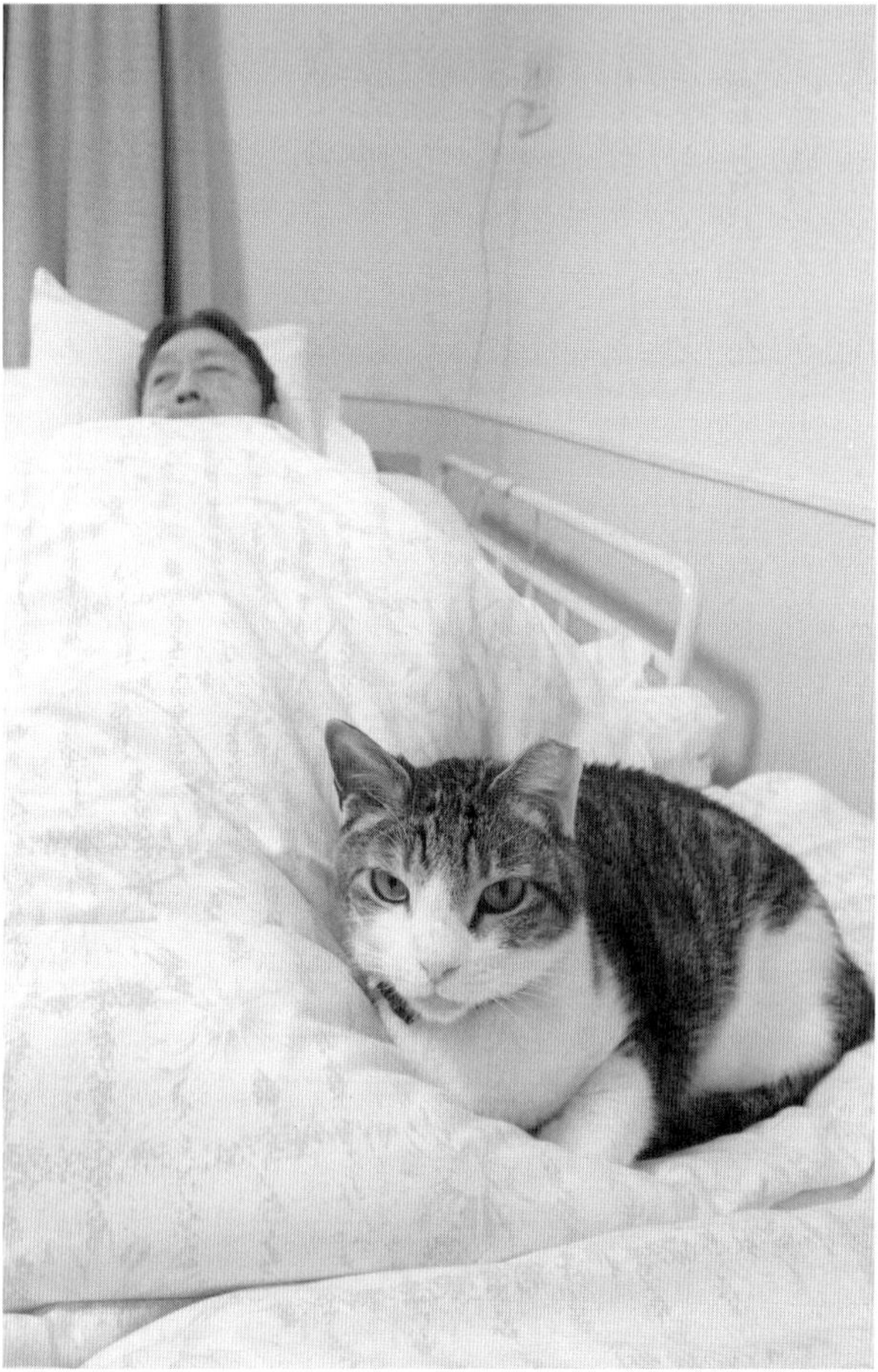

いつも飼い主に寄り添うプリン

くらの里山科を見つけていっしょに入居できたという九五歳の瀬川さん(仮名)。「こんなに長生きするとは思ってなかったけど、ミックがいるから寂しくない。幸せだから、なかなか死なないの」と笑います。

目も開かないうちに捨てられそうになっていたところを救い、哺乳瓶で育てた愛猫の祐介と二人暮らしだった後藤さん(仮名)は、持病が悪化し、祐介を一人残して入院するかもしれない不安から食べ物が喉を通らなくなってしまいました。そして、衰弱して倒れているところを祐介の鳴き声で発見され、入院を経て、さくらの里山科に入居。後藤さんは、その後祐介とともに趣味の絵や手芸を楽しみ、生き生きと暮らすことができました。

祐介は二〇二一年、天寿をまっとうして旅立ちましたが、その後ホームの猫のタイガが後藤さんの部屋に来るようになったそうです。後藤さんのように愛するペットに先立たれたとしても、猫のいる暮らしを続けることができるのはすばらしいことだと思います。

もちろん、飼い主が先に亡くなったあと、引き続きホームで幸せに暮らしている動物たちもいます。私がさくらの里山科を訪れたときは、キャバリアのナナとポメラニアンのチロが、老犬らしく少しよたよたしながらも、職員から嬉しそうにおやつをもらい、陽だまりのなかでくつろいでいました。長年高齢者に連れ添った動物はすでに年老いていることが多いため、飼い主亡き後の引き取り手を探すのはとても困難でしょう。それがこうして最期まで温かな環境でケアしてもらえると思うと、飼い主はどれほど安心かと思います。

自分が高齢になるまでにさくらの里山科のような施設が増えてほしいというのは、私自身も含め、いま動物と暮らす者の切実な願いです。ところが、意外なことに、現在はまだあまりニーズがないといいます。理事長の若山さんによると、その理由は「特養は重度の人しか入れないので、その状態までペットを飼い続けている人が少ないということ。また、いま特養に入る八〇代後半以上の世代には、動物が家族という感覚を持つ人が少ないこと」。

犬は好きだけれど、犬は外でつないでおくもので、部屋の中に入れるのは嫌だ、と言った人もいたそうです。

でも、若山さんは団塊の世代の人たちが八〇代後半になる一〇年後には状況が変わってくるのではないかと考えています。より自立度の高い施設にペットとともに入居でき、介護度が上がったら、さくらの里山科のような施設に移る。そんな流れができれば、最期まで自分の動物と暮らすことをあきらめないですむだろう、と。ぜひ、そうなっていってほしいものです。

おわりに　私と動物

私の子ども時代の一番の友は犬でした。自分の家の犬だけでなく、近所の人が飼っている犬たちともよく遊ばせてもらったものです。穏やかでやさしい目をした隣家のジャーマン・シェパードとはとくに仲良くなり、いまもその犬を思い出すと温かい気持ちになります。私は小学校低学年のころはあまり体が丈夫ではなく、学校を休むこともしばしばでしたが、犬たちはいつもそばにいてくれました。友だちの少なかった子ども時代の私を支えてくれた犬たちには、深い感謝の念を抱いています。

大人になって自分で動物を飼えるようになってからは、猫を伴侶動物とし、これまで九匹の猫と暮らしてきました。猫を選んだ主な理由は、犬ほど留守番が苦手ではない、ということでしたが、野生の本能を強く残し、人に振り回されない、けれど、人と深い絆を結ぶことができる猫という動物にすっかり魅了されました。いまでは猫のいない生活は想像できないほどです。

初めて猫と暮らし始めたのは、三〇年ほど前、夫の赴任先だったアメリカに住んでいたときでした。近所で保護されていた二匹の子猫を、Felv（猫白血病ウイルス）に感染していたとは知らずに引き取ったのですが、二匹とも一歳になる前に発症して死んでしまいました。一時はもう二度とこんな悲しい思いはしたくないとも思いましたが、猫のかかりつけ医や周囲の人々の思いやりに助けられ、また新たな猫を迎えようという気持ちになり、今日に至っています。

初めての猫を亡くした場所がアメリカだったことは、自分と伴侶動物とのかかわりに大きな影響を与えたと思います。猫たちの病状が悪化し、申し込んでいた旅行ツアーをキャンセルしたとき、旅行会社は猫の病気を家族の緊急事態と認め、直前だったにもかかわらず旅行費用を全額返金してくれました。返金の小切手には「大切なご家族が早くよくなるよう、お祈りしています」という手書きのカードまで添えられていました。

また、猫たちを亡くしたときには、周囲から人間の家族を亡くしたのと変わらないような気遣いを受けました。多くの人がお悔やみの手紙をくれ、お世話になっていた動物病院は猫たちを追悼して猫白血病ウイルス治療の研究機関に寄付をしてくれました。「伴侶動物は家族の一員」。アメリカではほんとうにその意識が根づいているのだということを実感した経験でした。

その後、地域のアニマルシェルターから三匹の猫を引き取り、日本に帰国。アメリカから連れ帰った猫たちが他界した後は、日本のさまざまな保護団体から迎えた猫たちと暮らしてきま

福島から来た被災猫の福ちゃん

した。なかでも特別な存在だったのは、福島から来た被災猫の「福ちゃん」です。

二〇一一年三月一一日の東日本大震災に続く福島第一原子力発電所の事故の後、住民が避難した原発周辺地域には犬や猫などのペット、牛、馬、豚などの畜産動物が取り残され、多くの動物たちが命を落としたことを記憶している人も多いでしょう。あのときは動物たちの命をつなぐ餌やりや保護のために、全国からボランティアが駆けつけました。私も行きたかったのですが、当時は目の前の仕事に追われていて何もできませんでした。そこで、せめて被災猫を引き取ろうと、動物愛護団体のホームページを見ていたときに目に止まったのが福ちゃんだったのです。初めて会ったときから膝に乗ってくるほど人なつこい、甘えん坊の猫でした。

きっと、とても可愛がられていたにちがいない。そう思っていたところ、福ちゃんの元の家族が判明しました。ご家族の娘さんがインターネット上に立ち上がっていた被災動物のデータベースを検索し、福ちゃんを保護した団体を見つけたことで、再会を果たすことができたのです。

幸い福ちゃんは元の家族と再会することができましたが、二度と会えなかった人と動物も多くいました。このときの苦い経験から、環境省は災害時には飼い主とペットの同行避難を原則とするガイドラインを策定しました。いま私がいっしょに暮らしている猫のタビオとは、地震などの災害時には必ず同行避難するつもりです。とはいうものの、地震はいつ起こるかわからず、そのとき自分や家族が家にいるとはかぎりません。そこで、近所に住む猫好きの友人とふだんから連絡を取り合い、万が一のときは助け合うことにしています（「災害、あなたのペットは大丈夫？」の同行避難のフロー図を参照）。

福ちゃんは二〇一五年、一三歳で他界しました。福ちゃんには思い入れが深かっただけに、亡くしたときの喪失感は大きく、私は初めてペットロスに陥りそうになりました。そこで、また別の猫を引き取って福ちゃんの分まで愛情を注ごうと思い、つぎに迎えたのがマルオです。マルオは交通事故にあったらしく、道端に倒れていたところを保護された猫で、事故の後遺症なのか、胸郭《きょうかく》に膿がたまる膿胸になったり、てんかん発作を起こすようになったりと、二〇一九年に亡くなるまで多くの医療的ケアを必要としました。マルオと暮らした四年半の間には、近所のかかりつけ医から、夜間救急がある病院、高度医療をおこなう専門病院や大学病院など、四つもの動物病院のお世話になりました。

これだけ書くと、看病に追われた大変な日々だったように聞こえるかもしれません。でも、マルオはほんとうに愛らしい、天使のような猫でした。マルオが仰向けになり、安心しきって眠っている姿を見るだけで、しみじみと幸福感に満たされたものです。どんなに忙しくてストレスがたまっているときでも、その天真爛漫《てんしんらんまん》な姿を見ると思わず笑みがこぼれ、殺伐とした感情が消えてしまう。マルオはケアの大変さを上回ってあり余るだけの喜びを私にくれました。

いっしょに暮らしているタビオは、いま六歳。猫の平均寿命は近年一五歳を超えているので、このまま何事もなく元気でいてくれれば、あと一〇年ぐらいはいっしょにいられるでしょう。ぜひ長生きしてほしいと願っています。でも、タビオが逝ったあと、つぎの猫を迎えるかどうか、相当悩むと思います。そのころは私もすでに立派なシニア。心身ともに健康か。猫を飼う経済的な余裕があるか。自分に何かあったときの猫のためのセーフティネットはあるか。命ある存在を丸ごと引き受けるのですから、考えなければならないことがたくさんあります。でも、動物がそばにいない生活はどれほど空虚だろうと思うと、たとえば保護猫の一時預かりのボランティアをするなど、なんらかの形で猫と暮らせる方法を見つけたいと思っています。

私が最近注目しているのは、北海道のNPO法人「猫と人を繋ぐツキネコ北海道」(以下、ツキネコ)が始めた保護猫の「永年預かり制度」です。もう猫を飼うのはむずかしいとあきらめていたシニア世代の人たちに、保護猫を譲渡するのではなく、預かってもらう。そして、何らかの事情で世話ができなくなったときは、ツキネコがまた引き取るという心強い制度です。この活動のことを聞いたときは、思わず身を乗り出しそうになりました。

保護団体にとっては、シェルターにいる猫が少しでも減ることで、より多くの猫を保護することができ、行き場のない猫は温かい家庭で愛情を受けながら生活することができる。そして、高齢者は安心して大好きな猫と暮らせる。まさにウィン・ウィンのプログラムといえます。もちろん、預かる側には「永年預かり」(レンタルではない)の覚悟と準備が求められますし、保護団体は猫の福祉が担保されるよう慎重なマッチングをしなければなりません。預けたあとも何か困りごとがあったら相談に乗るなど、手厚いフォローも必要です。飼えなくなった場合は返せるということで、安易に預かる人が増えないか気になるところですが、ツキネコを認定団体として支援している公益社団法人アニマル・ドネーション(動物福祉活動をおこなっているさまざまな団体と、寄付を通じてそれらの団体を支援したい人をつなぐオンライン寄付サイトを運営する中間支援組織。以下、アニドネ)によると、預けた猫のほとんどが返されることなく、幸せな生をまっとうしているそうです。

また、アニドネが認定・支援しているDOG DUCAという愛知県の特定非営利活動法人は、高齢者が高齢犬を飼う「シニアドッグ・サポーター」という制度を二〇一九年に立ち上げました。飼い主が亡くなり、動物愛護センターなどに持ち込まれた高齢犬に譲渡先を見つけるのは非常に困難ですが、これは高齢者が「サポーター」としてそんな高齢犬といっしょに暮らし、世話をするという保護活動です。年齢が壁となって保護犬を譲渡してもらえない高齢者(保護団体の多くは譲渡に年齢制限を設けている)にも、より多くの犬を保護したい保護団体にも、もちろん高齢犬にも、かかわる者すべてに恩恵がある画期的な制度だと思います。こちらでも、高齢者が病気になったり、亡くなったりした場合はDOG DUCAが犬を引き取り、最期まで面倒を見てくれるので安心です。

高齢者に高齢動物を、つまりエネルギーのレベルが近い者どうしをマッチングするというのはとても理にかなっています。体力が落ちてから子犬や子猫の世話をするのは大変ですが、高齢犬や高齢猫なら十分可能ですし、お互いの相性もいいはずです。とくに猫には、活発で動きの激しい子どもより、動作がゆっくりした高齢者のほうが向いています。
ツキネコもDOG DUCAも、当然ながら、対象者はすぐに対応できる近隣地域の人に限定していますので、東京に住む私が北海道にあるツキネコの猫を預かることはできません。でも、もしこのような活動が日本のあちこちで始まれば、私も含め、多くの人が助かるのではないでしょうか。ますます高齢化が進む日本で、人と動物がともに豊かな老後を過ごすための、とても有望な選択肢の一つではないかと思います。

それにしても、人はなぜ、動物に愛着を抱くのでしょうか。「はじめに」では「命あるものを慈しむことは人間の基本的な欲求だ」というアメリカの獣医師の言葉を紹介しましたが、そもそもそれはどうしてなのでしょうか。私自身、自分の遺伝子を受け継ぐわけでもない、自分とは異なる種である猫をなぜこれほどケアしたいと思うのか、ずっと不思議に思ってきました。

それが、あるとき、「バイオフィリア仮説」というものを知り、腑に落ちました。

「バイオフィリア」とは「生あるものへの愛」といったような意味でしょうか。この仮説はアメリカの著名な社会生物学者エドワード・O・ウィルソン博士が提唱したもので、人間にはもともと他の生き物との結びつきを求める気持ちや生き物を愛する気持ちが遺伝子に組み込まれているというものです。人類が生存していくうえで、犬(オオカミ)など危険を知らせてくれる動物を身近に置くことが必要だったため、進化の過程で「バイオフィリア」の能力を獲得したのだという説です。

なるほど、そう聞くと、なぜ自分が幼いころからごく自然に動物に惹かれたのか納得がいきます。また、高齢者施設や小学校での犬とのふれあい活動で、最初は「犬は苦手」と遠巻きにしていたお年寄りや子どもたちの多くが、やがて徐々に近づき、犬たちに親しめるようになっていくことにもうなずけます。

チンパンジーが道具を使うことを発見し、チンパンジー研究の先駆者として世界的に知られるジェーン・グドール博士も、幼児期から、どんな動物にでも魅了され、夢中になっていたといいます。ニワトリが卵を産むところを見たくて、何時間もトリ小屋に身をひそめたりしたそうです。そして、ラスティという愛犬に、「わたしたち人間も動物界の一員であることを教えてくれました」と、著書(『希望の教室』)の中で謝辞を捧げています。彼女は研究をとおして、この地球上で道具を使えるのは人間だけではないこと、動物たちにもそれぞれに個性があり、知性や感情を持っていることを突き止め、科学界に衝撃を与えました。

私たち一人一人がグドール博士のように「自分も動物界の一員」であるという意識を持った

ら、地球の未来はどう変わるでしょうか。現在は人間の活動が地球環境を大きく変えてしまった「人新世」あるいは「ヒューマン・エイジ」と呼ばれています。過去約五億四〇〇〇万年の間には少なくとも五度の大量絶滅期があったとされていますが、人類が登場してからはかつてないスピードで生物が絶滅し続けており、二〇五〇年までには種の半分が絶滅するかもしれない「第六の大量絶滅期」が到来しているといわれています。

その原因は人間の活動です。開発や土地利用の変更(森を農地に変えるなど)による生息地の減少、密猟などの乱獲、環境汚染、そして、地球温暖化による生息環境の変化や消失、人間が持ち込んだ外来生物による影響などが生き物たちを脅かしています。

グドール博士はチンパンジーの棲《す》む森が破壊され、絶滅の危機に瀕している状況に危機感を抱き、研究活動から自然保護活動に舵《かじ》を切りました。そして、動物も環境も、そこに住む人も守り、育てることをめざす「ジェーン・グドール・インスティテュート」という環境保護団体を設立し、まもなく八九歳になるいまも世界中を飛び回って精力的な活動を続けています。

人間が引き起こしている破壊を止められるのは、人間しかいません。そのためには、動物をはじめとする多種多様な生き物たちに関心を持ち、愛情を感じる人がもっともっと増えてほしいと心から思います。この本がその一助となれば、望外の喜びです。

この本は私の過去三〇年にわたる取材の集大成でもあり、主に子どもや若い人向けの本、『刑政』、「sippo」などに掲載してきた内容に、新たな取材や追加情報を加えて書き下ろしたものです。

本書を執筆するにあたっては、学校、病院、高齢者施設、少年院、刑務所などさまざまな場所で、大変多くの方々にお世話になりました。なかでも、コロナ禍で多くの制約やリスクがあるなか、取材にご協力いただいた公益財団法人日本盲導犬協会、社会福祉法人日本介助犬協会、公益社団法人日本聴導犬推進協会、特定非営利活動法人シャイン・オン・キッズ、認定NPO法人キドックス、社会福祉法人秀峰会、さくらの里山科、のぞみ牧場学園、立教女学院小学校の皆さまには、心よりお礼申し上げます。

また、私の最初の単著『いのちの贈りもの』以来、人と動物の絆をめぐる私の旅を見守り、何冊もの本をいっしょに作ってくださった岩波書店新書編集部の坂本純子さんに心から感謝します。ありがとうございました。

二〇二三年二月二二日　猫の日に

大塚敦子

主な参考・引用文献

はじめに

大塚敦子『A Photo Essay いのちの贈りもの——犬、猫、小鳥、そして夫へ』岩波書店，1997 年.

序　章

人と動物の関係学研究チーム編著『ペットがもたらす健康効果——“国内外の科学論文のレヴューから考える”』社会保険出版社，2020 年.

濱野佐代子編著『人とペットの心理学——コンパニオンアニマルとの出会いから別れ』北大路書房，2020 年.

Fine, Aubrey H. (ed.), *Handbook on Animal-Assisted Therapy: Foundations and Guidelines for Animal-Assisted Interventions (5th edition)*, Academic Press, 2019.

Qureshi, A.I., Memon, M.Z., Vazquez, G., and Suri, M.F.K., Cat Ownership and the Risk of Fatal Cardiovascular Diseases. Results from the Second National Health and Nutrition Examination Study Mortality Follow-up Study, *Journal of Vascular and Interventional Neurology*, 2(1), 2009.

Nagasawa, M., Mitsui S., En, S., Ohtani, N., Ohta, M., Sakuma, Y., Onaka, T., Mogi, K., and Kikusui T., Oxytocin-gaze Positive Loop and the Coevolution of Human-dog Bonds, *Science*, 348 (6232), 2015.

Nagasawa, T., Ohta, M., and Uchiyama, H., Effects of the Characteristic Temperament of Cats on the Emotions and Hemodynamic Responses of Humans, *PLoS ONE*, 15(6): e0235188, 2020.

荒井翔子，大橋学，伊藤有紀，Uehara Juan Martin，増田知之「店舗用 BGM に最適な新規リラクゼーション音源の探索：猫のゴロゴロ音についての初期検討」『情報処理学会研究報告』

Vol.2019-EC-52, No.9, 2019年.
Dowling, Stephen, The Complicated Truth about a Cat's Purr, *BBC Future*, July 25, 2018.
IAHAIO白書2014(2018年改訂)「IAHAIO動物介在介入の定義とAAIに係る動物の福祉のガイドライン」 https://iahaio.org/wp/wp-content/uploads/2021/07/julye21-iahaio-whitepaper-2018-japanese.pdf(2022年8月16日閲覧).
American Veterinary Medical Association, The Human-animal Interaction and Human-animal Bond https://www.avma.org/resources-tools/avma-policies/human-animal-interaction-and-human-animal-bond(2022年8月18日閲覧).
「次なるコロナを防ぐために、12団体が「人と動物、生態系の健康はひとつ——ワンヘルス共同宣言」を発表」 https://www.nacsj.or.jp/official/wp-content/uploads/2021/01/20210115_release_declaration_for_one-health3.pdf(2022年8月19日閲覧).
一般社団法人アニマル・リテラシー総研「人と動物の福祉は表裏一体!?「ワンウェルフェア」(One Welfare)の概念に迫る」2020年12月17日掲載 https://www.alri.jp/?mode=f50(2022年8月19日閲覧).

第1章

柴内裕子, 大塚敦子『子どもの共感力を育む——動物との絆をめぐる実践教育』岩波ブックレット, 2010年.
公益社団法人日本動物病院協会発行『動物介在教育マニュアル』2011年.
吉田太郎『ありがとう。バディ——学校犬、その一生の物語』セブン&アイ出版, 2015年.
——『奇跡の犬、ウィル——福島から来た学校犬の物語』セブン&アイ出版, 2016年.
Dogs for Good, Community Dogs in Schools https://www.dogsforgood.org/community-dog/community-dogs-schools/(2022年

2月25日閲覧).
川添敏弘，堀井隆行，山川伊津子，赤羽根和恵『知りたい！やってみたい！　アニマルセラピー』駿河台出版社，2015年.
津田望『アニマルセラピーのすすめ──豊かなコミュニケーションと癒しを求めて(教育の課題にチェレンジ③)』明治図書出版，2001年.
──『子どもの発達に「あれ？」と思ったら読む本』幻冬舎，2018年.
谷田創，木場有紀『保育者と教師のための動物介在教育入門』岩波書店，2014年.
ゲイル・F・メルスン著，横山章光・加藤謙介監訳『動物と子どもの関係学──発達心理からみた動物の意味』ビイング・ネット・プレス，2007年.
レイチェル・カーソン著，上遠恵子訳『センス・オブ・ワンダー』新潮社，1996年.
シチズン意識調査「「子どもの時間感覚」35年の推移」2016年 https://www.citizen.co.jp/research/time/20160610/01.html
独立行政法人国立青少年教育振興機構「青少年の体験活動等に関する意識調査」令和元(2019)年度.
Louv, Richard, *Last Child in the Woods: Saving Our Children from Nature-Deficit Disorder*, Algonquin Books of Chapel Hill, 2008.
National Center for Education Statistics　https://nces.ed.gov/fastfacts/display.asp?id＝69(2023年1月5日閲覧).
Nietzel, Michael T., Low Literacy Levels Among U.S. Adults Could Be Costing the Economy ＄2.2 Trillion a Year, *Forbes*, Sep. 9, 2020.
Friedmann, E., Katcher, A.H., Lynch, J.J., Thomas, S.A., and Messent, P.R., Social Interaction and Blood Pressure: Influence of Animal Companions, *Journal of Nervous and Mental Diseases*, 171, 1983.
A.H. キャッチャー，A.M. ベック編，コンパニオン・アニマル研

究会訳『コンパニオン・アニマル――人と動物のきずなを求めて』誠信書房，1994 年．

Paradise, J.L., *An Analysis of Improving Student Performance through the Use of Registered Therapy Dogs Serving as Motivators for Reluctant Read*, University of Central Florida, 2007.

le Roux, M.C., Swartz, L. and Swart, E., The Effect of an Animal-Assisted Reading Program on the Reading Rate, Accuracy and Comprehension of Grade 3 Students: A Randomized Control Study, *Child & Youth Care Forum*, 43(6), 2014.

Hovitz, Helaina, Why These Children Are Reading to Homeless Cats, *Huff Post*, May 6, 2014.

Tuozzi, Adele et al., Effects of Human Presence and Voice on the Behavior of Shelter Dogs and Cats: A Preliminary Study, *Animals*, 11, 2021.

第 2 章

大塚敦子『動物たちが開く心の扉――グリーン・チムニーズの子どもたち』岩崎書店，2005 年．

浅野房世，高江洲義英『生きられる癒しの風景――園芸療法からミリューセラピーへ』人文書院，2008 年．

大塚敦子『やさしさをください――傷ついた心を癒すアニマル・セラピー農場』岩崎書店，2012 年．

佐藤亜樹「ソーシャルワーカーの新しい機能：人間への暴力と動物への暴力の関連性～虐待事例の早期発見と有効なソーシャルワーク援助のために～北米における先行業績レビューを通しての考察」『松山大学論集』27 巻 6 号，2016 年．

Jarvis, Tom, Canine Companions in the Courtroom: Will Dog in Court Soon Become Common Practice?, *NH Business Review*, Feb. 3, 2022.

今西乃子『捨て犬たちとめざす明日』金の星社，2016 年．

第 3 章

大塚敦子『犬、そして猫が生きる力をくれた——介助犬と人びとの新しい物語』岩波現代文庫，2016 年.
——『〈刑務所〉で盲導犬を育てる』岩波ジュニア新書，2015 年.
——「"刑務所に自然を持ち込む"——官民協働の「サステナビリティ・イン・プリズンズ・プロジェクト」『刑政』第 129 巻，第 4 号，2018 年.
Piff, Paul K. et al., Awe, the Small Self, and Prosocial Behavior, *Journal of Personality and Social Psychology*, 108(6), Jun. 2015.
Weinstein, Netta et al., Can Nature Make Us More Caring? Effects of Immersion in Nature on Intrinsic Aspirations and Generosity, *Personality and Social Psychology Bulletin*, 35(10), Oct. 2009.
大塚敦子『ギヴ・ミー・ア・チャンス——犬と少年の再出発』講談社，2018 年.
小山利之「八街少年院における GMaC への取組」『刑政』第 129 巻第 11 号，2018 年.
鋒山佐恵「GMaC という名の希望」『刑政』第 129 巻第 11 号，2018 年.
小山定明「少年院の矯正教育と動物介在活動」『ヒトと動物の関係学会誌』Vol.60，2021 年 12 月.
嘉陽田亜耶美，當間和久，下地華愛「沖縄女子学園における 3 Re-Smile の取組について——沖縄県の犬殺処分ゼロプロジェクトに参加する社会貢献活動」『矯正教育研究』第 65 巻，2020 年.
宮川円「沖縄女子学園における「3 Re-Smile プロジェクト」」『ヒトと動物の関係学会誌』Vol.60，2021 年 12 月.
宮城直子「人は生き直せる、犬や猫とともに——人と動物の社会化　それぞれが幸せになるために」『ヒトと動物の関係学会誌』Vol.60，2021 年 12 月.
ダイヤモンド・ビジネス企画編『手綱、繋がる思い——馬は心と体のセラピスト』ダイヤモンド・ビジネス企画，2014 年.

Heyes, Tim, *Riding Home: The Power of Horses to Heal*, St. Martin's Press, 2015.
Thomas, Lynn and Lytle, Mark with Dammann, Brenda, *Transforming Therapy through Horses : Case Stories Teaching the EAGALA Model in Action*, EAGALA, 2016.
Fundamentals of The Eagala Model (9th Edition), EAGALA, 2019.
Buck, Page Walker, Bean, Nadine and de Marco, Kristen, Equine-Assisted Psychotherapy: An Emerging Trauma-Informed Intervention, Special Issue: Trauma-Informed Practice, *Advances in Social Work*, Vol.18 No.1, 2017.
佐藤彰信，前田将良，有田春香，藤井あゆみ，小川瑛「癒しを目的としたアニマルセラピーではない島根あさひホースプログラム」『刑政』第129巻第11号，2018年.

第4章

櫻井ようこ『アンソニー、きみがいるから――盲導犬がはこんでくれたもの』ポプラ社，2008年.
『日本補助犬科学研究』1巻1号，2007年.
障害のある人とともに生きる本編集委員会『耳の不自由な人をよく知る本』合同出版，2022年.
「平成二八年　生活のしづらさなどに関する調査」厚生労働省，2018年.
Hawryluk, Markian, Demand for Service Dogs Unleashes a 'Wild West' Market, *Kaiser Health News*, Feb. 16, 2022.

第5章

大塚敦子『わたしの病院、犬がくるの』岩崎書店，2009年.
――『犬が来る病院――命に向き合う子どもたちが教えてくれたこと』角川文庫，2019年.
岩貞るみこ『もしも病院に犬がいたら――こども病院ではたらく犬、ベイリー』講談社青い鳥文庫，2017年.

長江秀樹，長江千愛他「大学病院に展開した動物介在療法――導入後 3 年での成果」『聖マリアンナ医科大学雑誌』Vol. 46, 2018 年.
人と動物の関係学研究チーム編著，前掲書.
濱野佐代子編著，前掲書.
太湯好子他「認知症高齢者に対するイヌによる動物介在療法の有用性」『川崎医療福祉学会誌』第 17 巻 2 号，2008 年.
若山三千彦『看取り犬・文福――人の命に寄り添う奇跡のペット物語』宝島社，2020 年.
Dosa, David, *Making Rounds with Oscar: Extraordinary Gift of an Ordinary Cat*, Hyperion, 2010.

おわりに

大塚敦子『いつか帰りたい　ぼくのふるさと――福島第一原発 20 キロ圏内からきたねこ』小学館，2012 年.
「災害、あなたとペットは大丈夫？――人とペットの災害対策ガイドライン〈一般飼い主編〉」環境省，2018 年　https://www.env.go.jp/nature/dobutsu/aigo/2_data/pamph/h3009a/a-1a.pdf (2023 年 2 月 9 日閲覧).
エドワード・O・ウィルソン著，狩野秀之訳『バイオフィリア――人間と生物の絆』平凡社，1994 年.
ジェーン・グドール，フィリップ・バーマン著，上野圭一訳，松沢哲郎監訳『森の旅人』角川書店，2000 年.
ジェーン・グドール，ダグラス・エイブラムス著，岩田佳代子訳『希望の教室』海と月社，2022 年.
エリザベス・コルバート著，鍛原多恵子訳『6 度目の大絶滅』NHK 出版，2015 年.

大塚敦子

1960年和歌山市生まれ．1983年上智大学文学部英文学科卒業．商社勤務を経て，世界各地の紛争取材の後，困難を抱えた人と自然や動物の絆，人と動物のかかわりなどをテーマに執筆．『さよなら エルマおばあさん』(小学館)で2001年講談社出版文化賞絵本賞，小学館児童出版文化賞受賞．『〈刑務所〉で盲導犬を育てる』(岩波ジュニア新書)，『犬、そして猫が生きる力をくれた――介助犬と人びとの新しい物語』(岩波現代文庫)，『ギヴ・ミー・ア・チャンス――犬と少年の再出発』(講談社)，『犬が来る病院――命に向き合う子どもたちが教えてくれたこと』(角川文庫)など著書多数．

動物がくれる力
教育、福祉、そして人生　　岩波新書(新赤版)1970

2023年4月20日　第1刷発行

著　者　大塚敦子《おおつかあつこ》

発行者　坂本政謙

発行所　株式会社 岩波書店
〒101-8002 東京都千代田区一ツ橋2-5-5
案内 03-5210-4000　営業部 03-5210-4111
https://www.iwanami.co.jp/

新書編集部 03-5210-4054
https://www.iwanami.co.jp/sin/

印刷製本・法令印刷　カバー・半七印刷

ISBN 978-4-00-431970-2　　Printed in Japan

岩波新書新赤版一〇〇〇点に際して

ひとつの時代が終わったと言われて久しい。だが、その先にいかなる時代を展望するのか、私たちはその輪郭すら描きえていない。二〇世紀から持ち越した課題の多くは、未だ解決の緒を見つけることのできないままであり、二一世紀が新たに招きよせた問題も少なくない。グローバル資本主義の浸透、憎悪の連鎖、暴力の応酬——世界は混沌として深い不安の只中にある。

現代社会においては変化が常態となり、速さと新しさに絶対的な価値が与えられた。消費社会の深化と情報技術の革命は、種々の境界を無くし、人々の生活やコミュニケーションの様式を根底から変容させてきた。ライフスタイルは多様化し、一面では個人の生き方をそれぞれが選びとる時代が始まっている。同時に、新たな格差が生まれ、様々な次元での亀裂や分断が深まっている。社会や歴史に対する意識が揺らぎ、普遍的な理念に対する根本的な懐疑や、現実を変えることへの無力感がひそかに根を張りつつある。そして生きることに誰もが困難を覚える時代が到来している。

しかし、日常生活のそれぞれの場で、自由と民主主義を獲得し実践することを通じて、私たち自身がそうした閉塞を乗り超え、希望の時代の幕開けを告げてゆくことは不可能ではあるまい。そのために、いま求められていること——それは、個と個の間で開かれた対話を積み重ねながら、人間らしく生きることの条件について一人ひとりが粘り強く思考することではないか。その営みの糧となるものが、教養に外ならないと私たちは考える。歴史とは何か、よく生きるとはいかなることか、世界そして人間はどこへ向かうべきなのか——こうした根源的な問いとの格闘が、文化と知の厚みを作り出し、個人と社会を支える基盤としての教養となった。まさにそのような教養への道案内こそ、岩波新書が創刊以来、追求してきたことである。

岩波新書は、日中戦争下の一九三八年一一月に赤版として創刊された。創刊の辞は、道義の精神に則らない日本の行動を憂慮し、批判的精神と良心的行動の欠如を戒めつつ、現代人の現代的教養を刊行の目的とする、と謳っている。以後、青版、黄版、新赤版と装いを改めながら、合計二五〇〇点余りを世に問うてきた。そして、いままた新赤版が一〇〇〇点を迎えたのを機に、人間の理性と良心への信頼を再確認し、それに裏打ちされた文化を培っていく決意を込めて、新しい装丁のもとに再出発したいと思う。一冊一冊から吹き出す新風が一人でも多くの読者の許に届くこと、そして希望ある時代への想像力を豊かにかき立てることを切に願う。

（二〇〇六年四月）